U0186533

后浪

如何驱动一座核反应堆

How to Drive a Nuclear Reactor

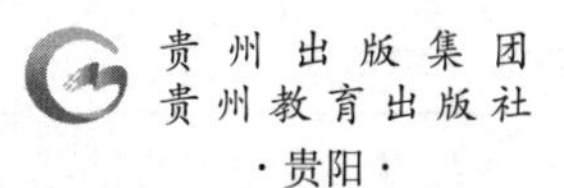
贵州出版集团
贵州教育出版社
·贵阳·

Colin Tucker
[英]科林·塔克 著 黄欣 译

图书在版编目（CIP）数据

如何驱动一座核反应堆 / (英) 科林·塔克
(Colin Tucker) 著 ; 黄欣译. -- 贵阳 : 贵州教育出版
社, 2024.4

ISBN 978-7-5456-1588-3

Ⅰ. ①如… Ⅱ. ①科… ②黄… Ⅲ. ①反应堆 Ⅳ.
①TL3

中国国家版本馆CIP数据核字(2024)第060213号

著作权合同登记号　图字：22-2023-071

RUHE QUDONG YIZUO HEFANYINGDUI
如何驱动一座核反应堆

[英] 科林·塔克 著
黄欣　译

选题策划：后浪出版公司
出版统筹：吴兴元　　　责任编辑：周于飞
特约编辑：赵倩莹　　　封面设计：墨白空间·陈威伸
出版发行：贵州教育出版社
地　　址：贵州省贵阳市观山湖区会展东路 SOHO 区 A 座
印　　刷：嘉业印刷（天津）有限公司
版　　次：2024 年 4 月第 1 版
印　　次：2024 年 4 月第 1 次印刷
开　　本：889 毫米 × 1194 毫米　1/32
印　　张：9.5
插　　页：8
字　　数：230 千字
书　　号：ISBN 978-7-5456-1588-3
定　　价：60.00 元

目 录

第 5 章 什么使得核能如此特别？

第 6 章 容纳你的反应堆的东西

第 7 章 抽出控制棒并退后

第 8 章 瓦特功率？

第 9 章 你的反应堆是稳定的（第一部分）

第 18 章 什么可能出问题（以及你可以对此做什么）

第 19 章 更小并不总是更容易

第 20 章 还有什么会出错？

第 21 章 当燃料耗尽

彩色插图1：回路图

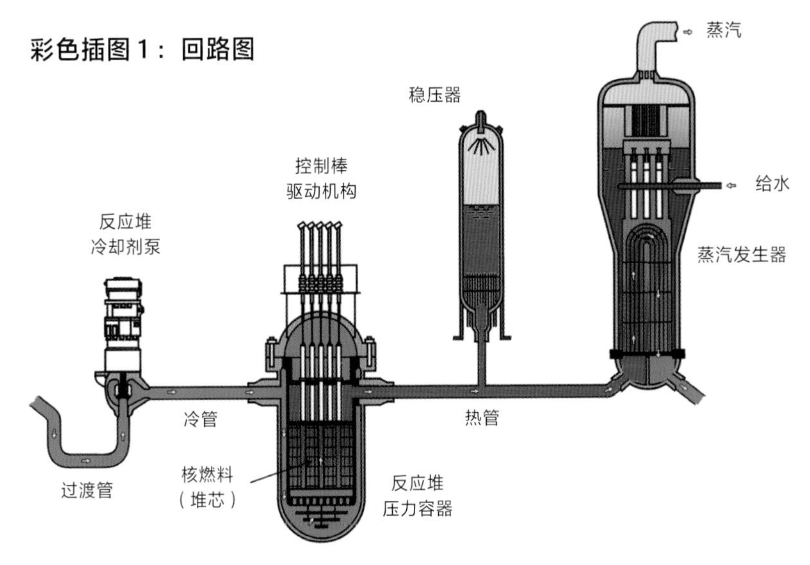

1.1　压水堆一回路冷却回路

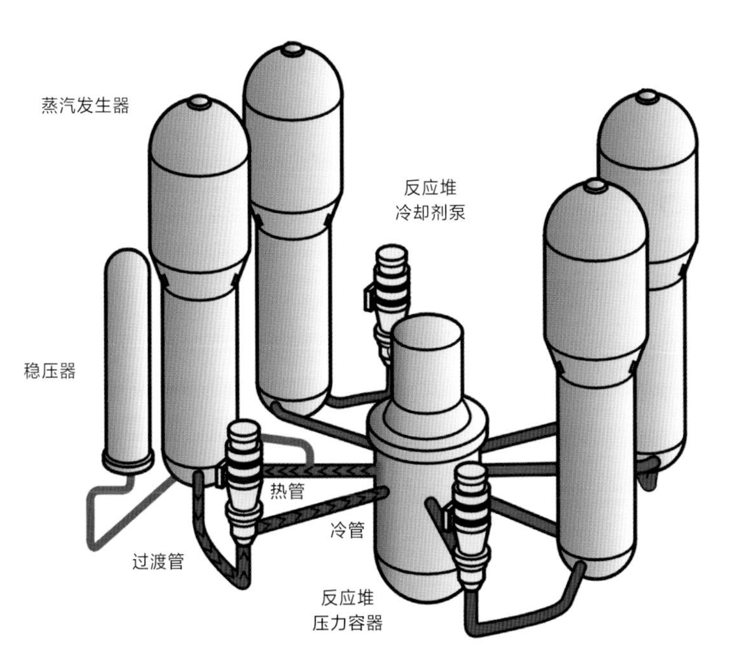

1.2　由四条回路组成的压水堆一回路

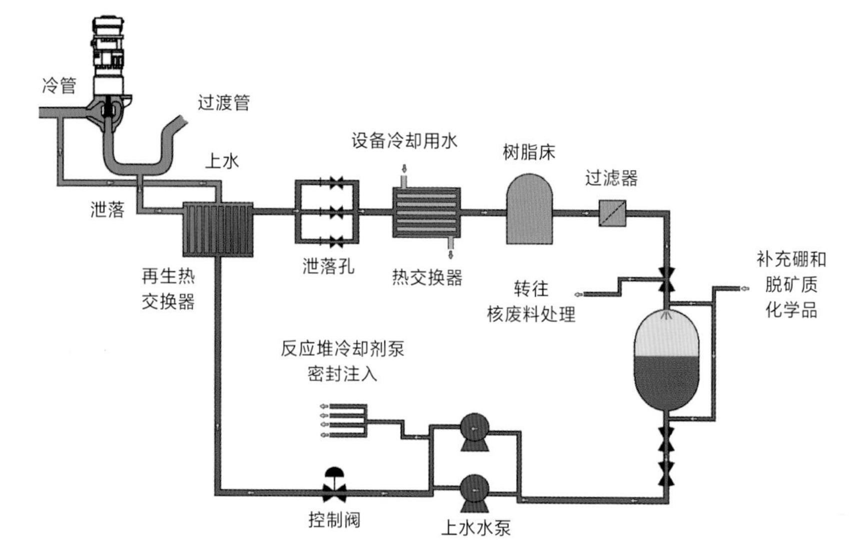

1.3　化学和容积控制系统

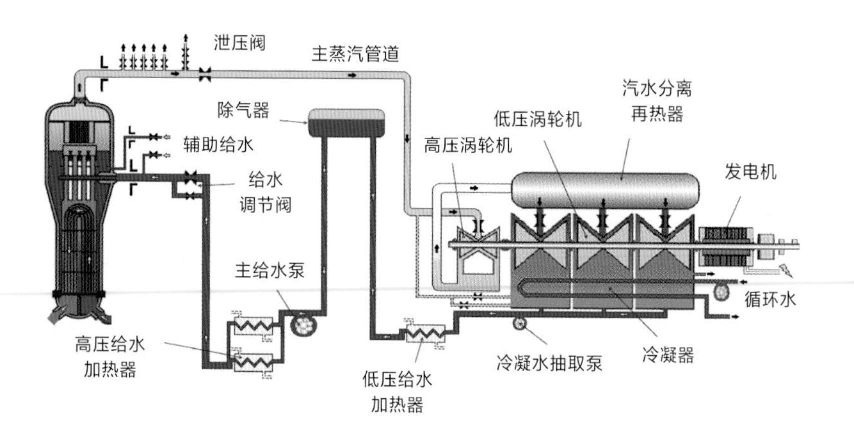

1.4　二回路

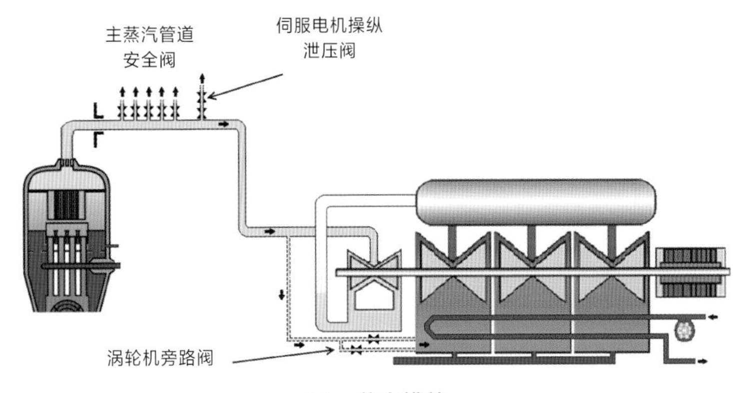

1.5　蒸汽排放

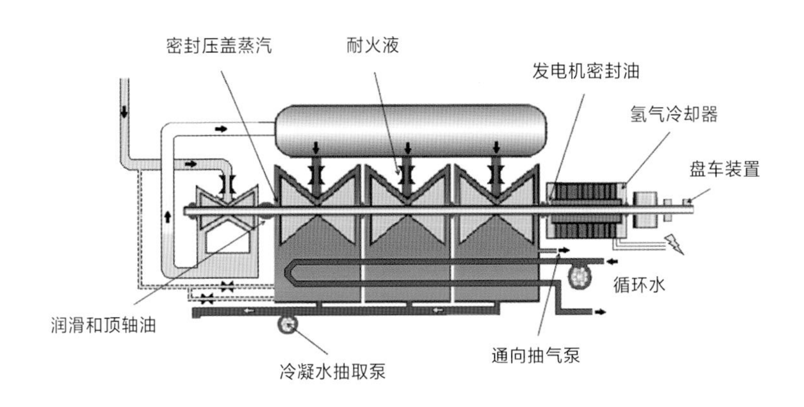

1.6　涡轮机支持系统

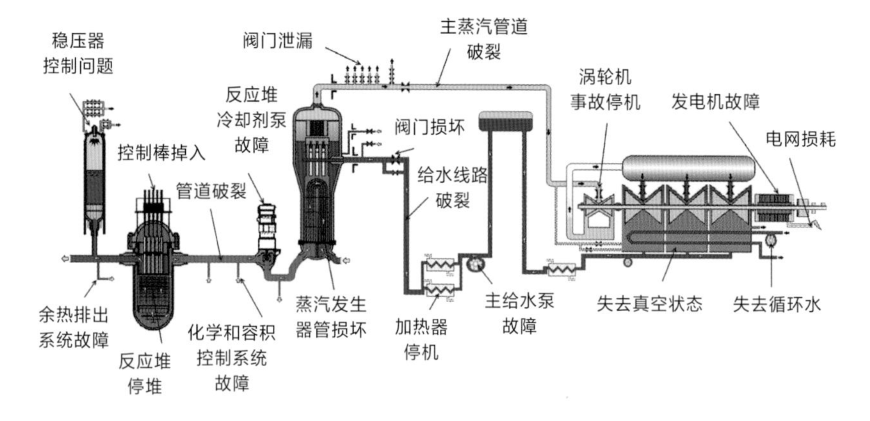

1.7　可能出问题的地方

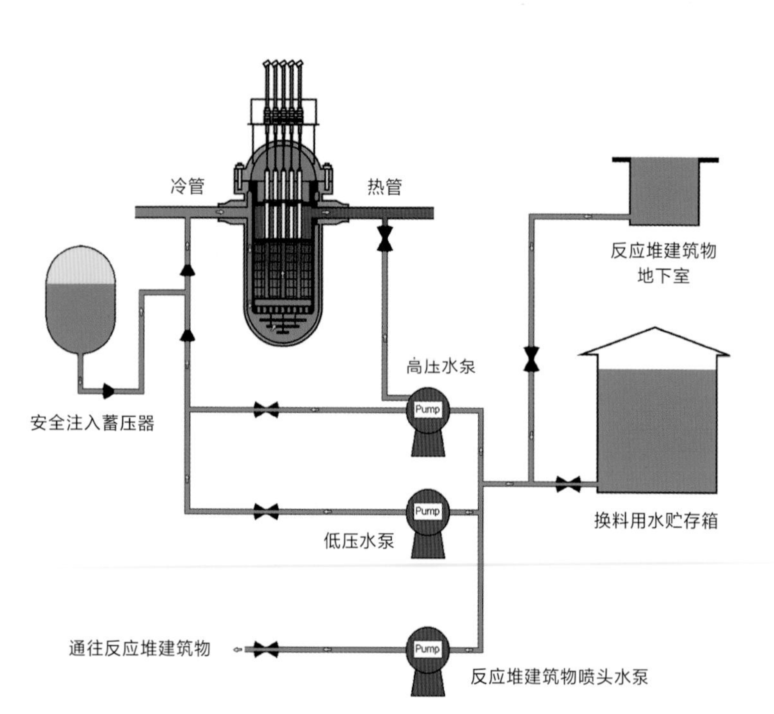

1.8　紧急堆芯冷却系统

彩色插图 2：设备示意图

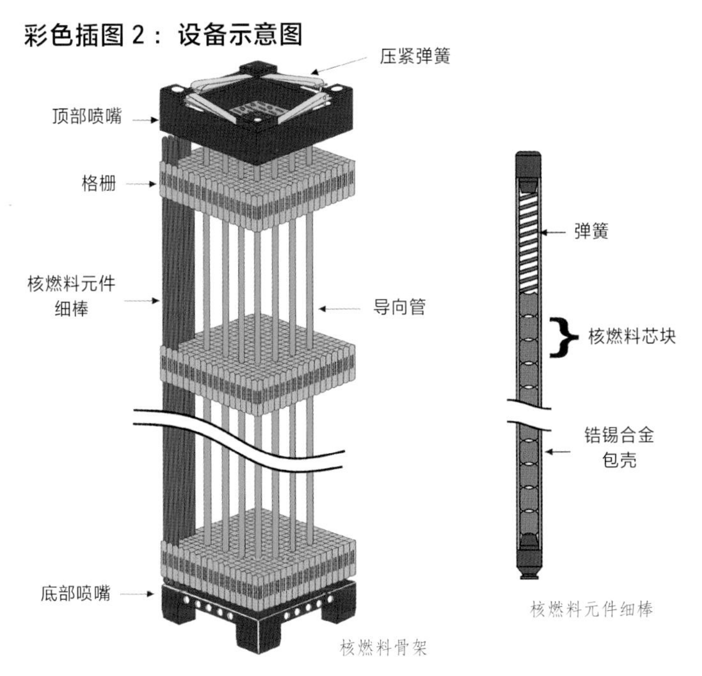

2.1　核燃料组件

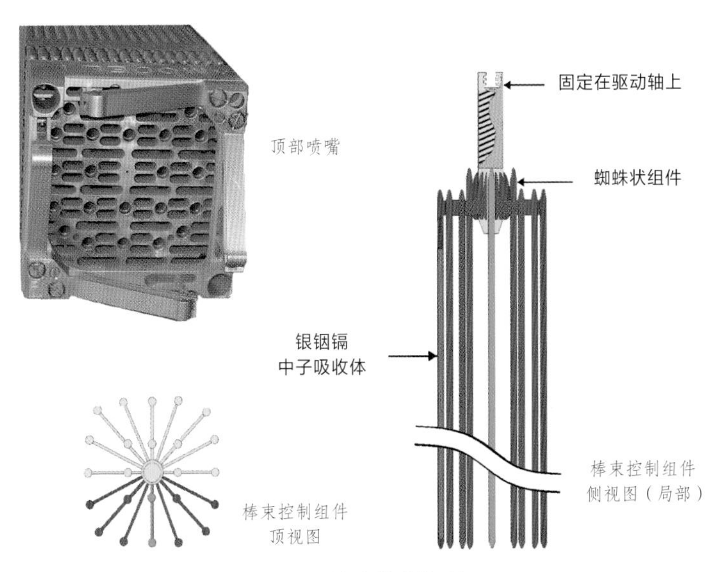

2.2　棒束控制组件

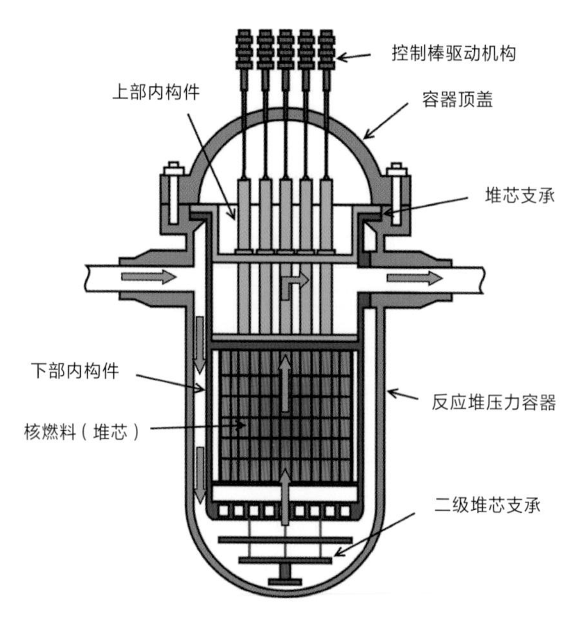

2.3　反应堆压力容器剖面图

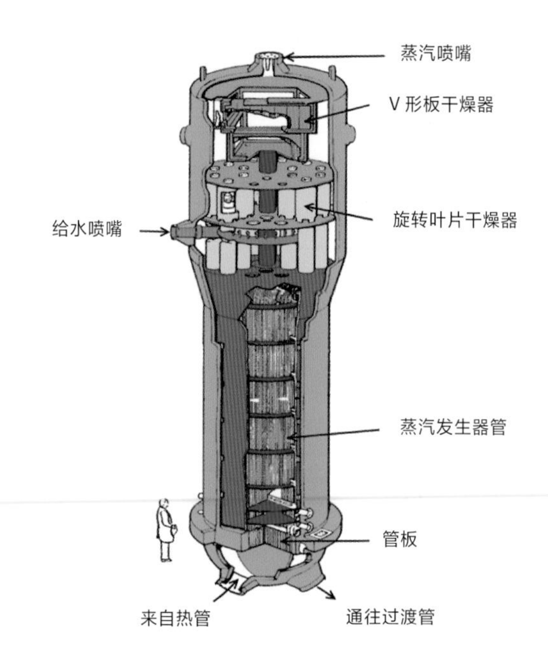

2.4　压水堆蒸汽发生器

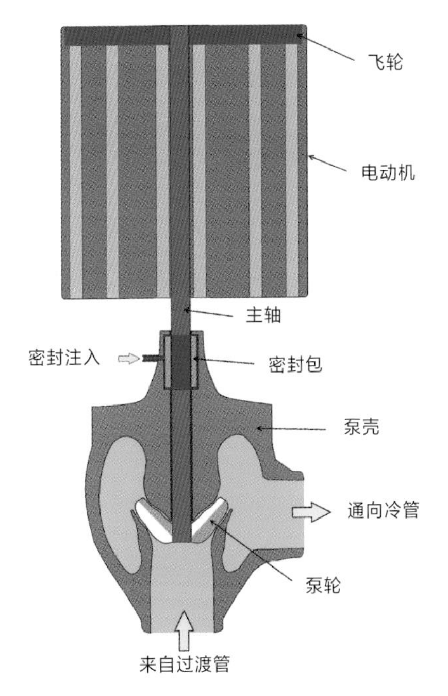

2.5　反应堆冷却剂泵

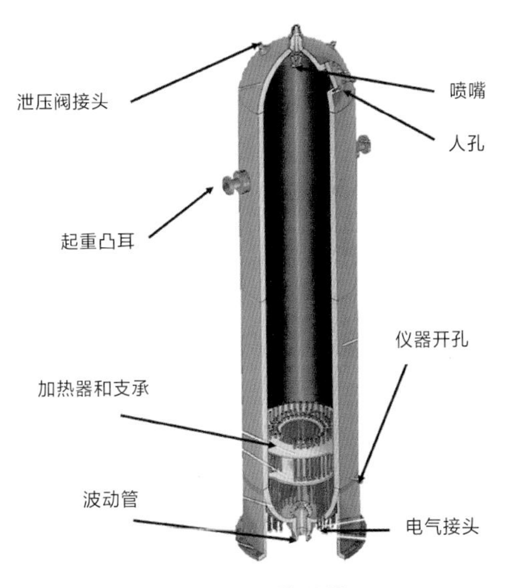

2.6　稳压器

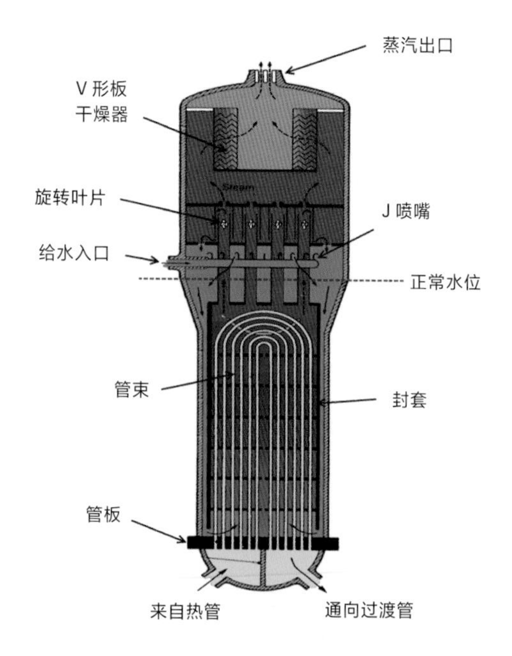

2.7　蒸汽发生器剖视图

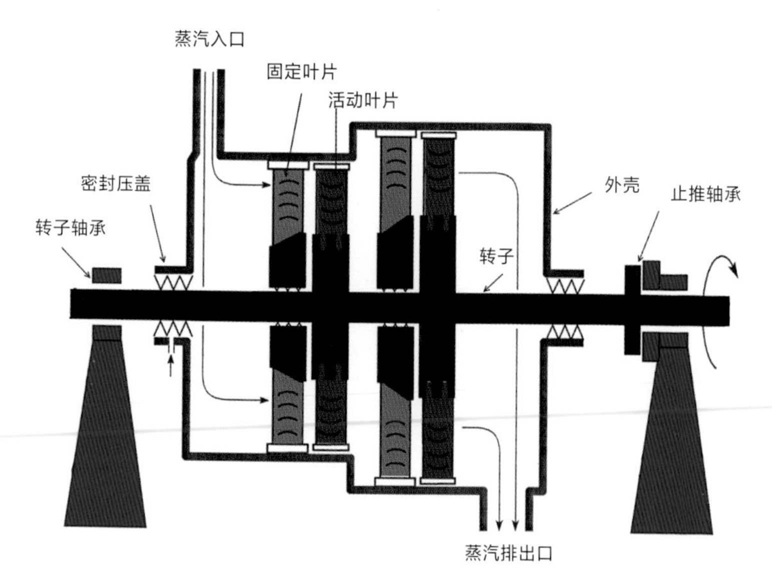

2.8　简化的蒸汽涡轮机剖视图

彩色插图 3：反应堆布局图

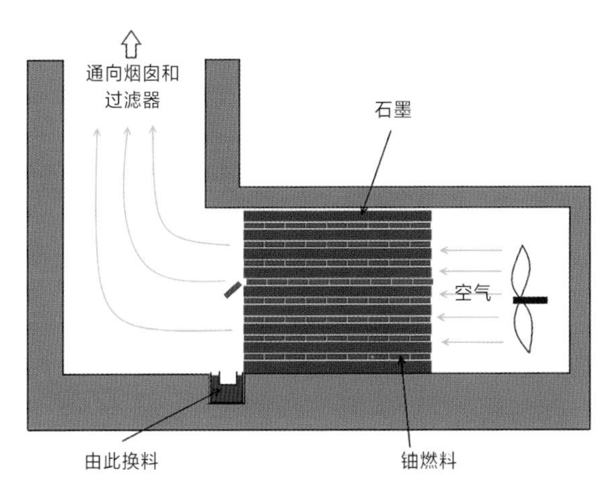

3.1　温茨凯尔反应堆布局图

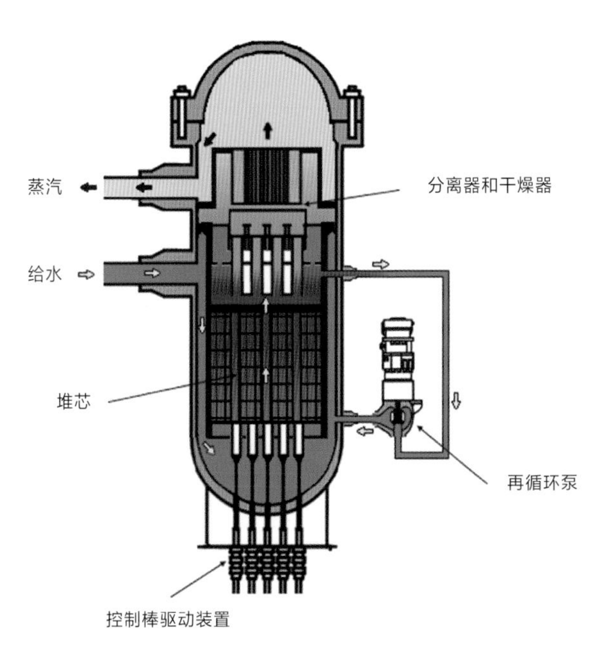

3.2　沸水反应堆示意图

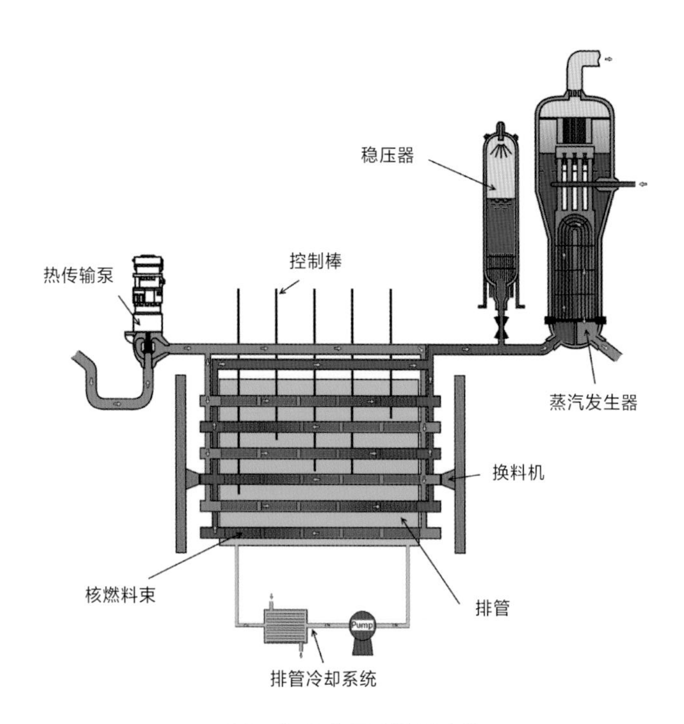

3.3　加拿大氘 / 铀反应堆

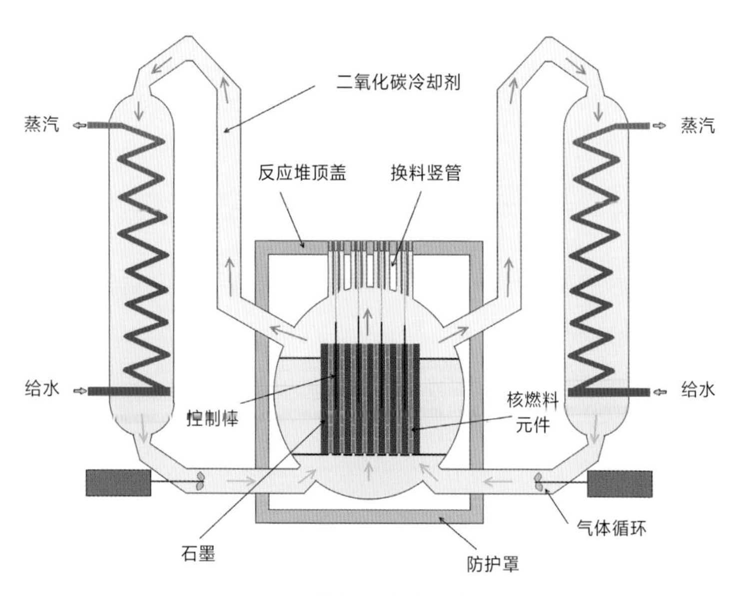

3.4　镁诺克斯反应堆

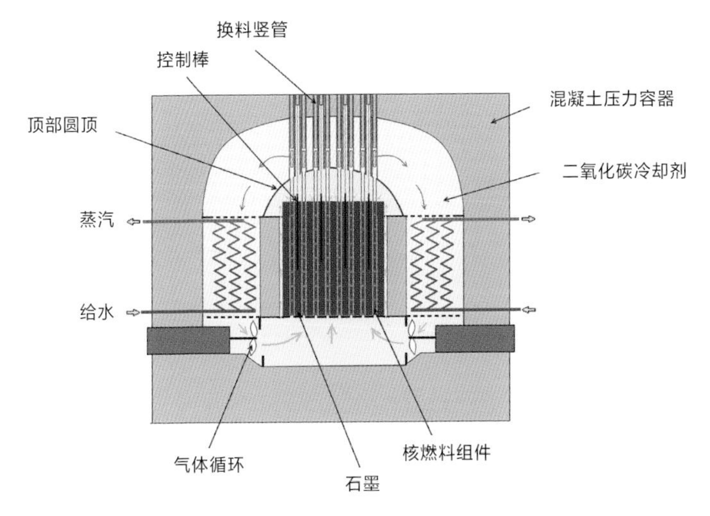

3.5　改进气冷反应堆

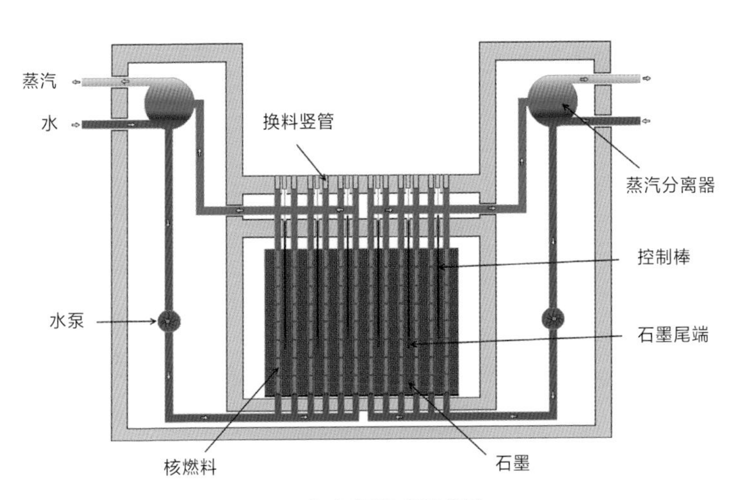

3.6　大功率管式反应堆

彩色插图 4：压水堆实物实景

4.1　压水堆核电站主控制室局部图

4.2　压水堆核燃料组件

4.3　安装中的反应堆压力容器

4.4　交付中的压水堆蒸汽发生器

4.5　安装在反应堆建筑物中的一回路

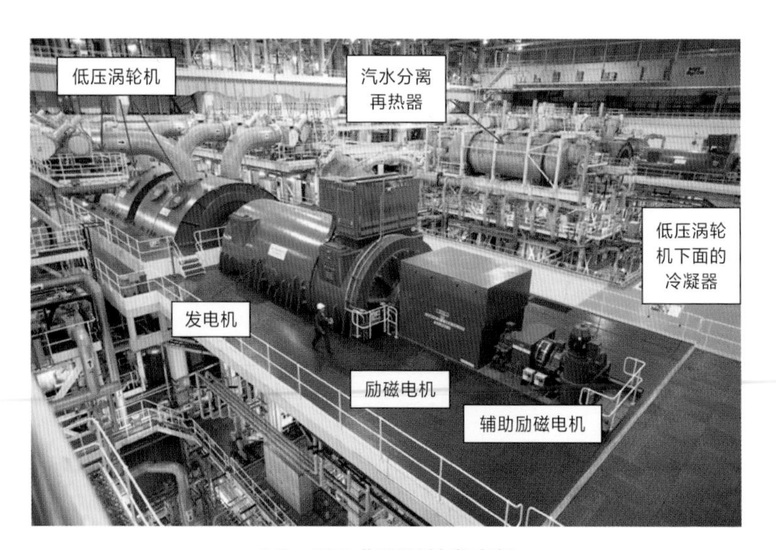

4.6　600 兆瓦涡轮发电机

4.7　低压安全注入泵

4.8　被吊起的反应堆顶盖

4.9　被淹没的燃料加注腔

4.10　被吊出堆芯的核燃料组件

前言和致谢

你是否曾想过，一座核电站是如何运转的？假设你是一名压水反应堆（Pressurized Water Reactor，PWR，简称压水堆）的实习操作员，本书将以手把手的方式向你揭示这一类世界上最普遍的核反应堆的奥秘。本书将从核反应堆背后的科学出发，通过核反应堆的启动、操作和关停，带你踏上一段探索的旅程。在这一旅程中，我们还将了解一些工程学知识、反应堆历史、不同类型的反应堆，以及它们可能会出什么问题。这本书将向你展示反应堆是如何保持安全运转的，以及驱动一座反应堆的感觉是怎样的。

那么，是什么激发了我写作这本书呢？那是一次关于《如何驱动一台蒸汽机车》（布莱恩·霍林斯沃斯著）一书的谈话。我向一位朋友描述，此书作者如何让读者恍若置身于一台蒸汽机车的操作台上，然后逐步向他们介绍“面前的”控制装置：每一个控制装置是干什么的以及可能会出什么问题。读完该书，你就感觉自己好像真的在操作台上一样。这次谈话以我的抱怨而告终：为什么没有任何类似的描绘核反应堆的书籍？我曾到处寻找这样一本书，却发现它们大多数都聚焦于能源政策或核事故，只有很少的简短篇章是关于反应堆操作的。我的经验告诉我，人们常常想要知道得更多。

所以，我决定写作这本书。我希望你在阅读本书时得到享受，就像我在写作它时充满享受一样（至于本书是否符合写作的初衷，我让你来做出判断）。

像许多产业一样，核电站的工作交流中也有很多行话——希望你不会觉得这太令人生厌。不同类型的反应堆对应不同的行话（当然是这样！），尽管其他反应堆也会在书中出现，而你将会看到，本书着重介绍压水堆。令人困惑的是——尤其对于刚刚进入这个行业的人而言——核电站的设备有两个或者更多不同名字的情况并不罕见，尤其是那种在不同的时候可能有不同功能的设备。例如"安全壳"也叫"反应堆建筑物"，"反应堆冷却剂系统"也叫"一回路"，"燃料棒"也叫"燃料元件细棒"，等等。我已经非常努力地在本书中尽量使用统一的术语。对我本人以及其他在压水堆工作的人来说，这么做可能会令某些文字内容显得有点别扭。但希望对于其他人来说，这样做能让叙述更清晰。我对本书读者的建议是不要太纠结于行话，重点关注反应堆的安全操作，而不是各种标签。

我想要首先感谢我的妻子勒奈特，是她鼓励我并帮助我找到空间和时间写作这本书。在其他事情仍要继续的情况下，利用业余时间写本书并不容易。我还要感谢我的第一批读者，尼古拉斯·巴特和凯文·马丁。他们提供了很多技术性和非技术性的意见，这些意见（大部分）都得到了采纳。他们阅读各章节草稿的时候，并不知道所有内容应该如何组合在一起，可知难度之大。因此尤其要感谢他们的耐心和毅力。

我要对英国塞兹韦尔（Sizewell）B 核电站的工作人员报以莫大的感激。这是我工作了将近 25 年的基地，我在此主要从事核安全领域的工作。我关于压水堆的大部分经验来自塞兹韦尔 B 核电站，而且我承认这对于一名作者是一种风险，毕竟不是每一座压水堆都是相同的。我希望我写得足够灵活，能让那些在其他压水堆（其实也包括在其他类型的反应堆）工作的人不会感到陌生。塞兹韦尔 B 核电站有一种奇妙的“开放”文化，在那里，我可以在任何事情上发问，以填补我知识上的空白。除此之外，我还要特别感谢塞兹韦尔 B 核电站的管理团队和法国电力公司的工作人员对写作本书的支持。他们自本书写作开始就展现出的热心，以及未曾以任何方式干预本书的内容，使我有能力完成这本书。

最后，我要感谢塞兹韦尔 B 核电站的“核安全技术组”。他们的知识深度、经验、耐心、严谨以及敢于挑战的精神，使得塞兹韦尔 B 核电站实现了长期的安全运行。他们的幽默更使工作变得愉快！尽管本书表面上关注的是反应堆操作，但它也可能呈现了核安全小组成员的世界观。对此随你怎么想吧……

本书的大部分内容是我自己撰写的。所表达的观点——其中颇有一些——也都是我个人的观点，并与法国电力公司或其他任何公司的政策观点无关。这当然意味着，你在本书找到的任何错误也都出自我手，如果你找出了这些错误，我表示歉意，并要说一句：“做得好！”

个人而言，我觉得核反应堆令人着迷，我希望你也会这样认为……

科林·塔克

2019 年 9 月于英国萨福克

第 1 章

一个人和他的狗

我听过一种说法，一座现代化的核电站可以由一个人和一条狗操作。那个人负责在那里喂狗，而那条狗负责看着那个人，如果他碰了任何控制装置就咬他……

真这样就好了。

1.1 阅读本书不会使你具备驱动一座核反应堆的资格

这本书旨在解释一座核反应堆是如何有效运转的，以及如何操作它，以实现为电网生产电力的目的。本书不会使你获得驱动一座核反应堆的资格，那将需要好几年的训练，包括数百小时在模拟舱中的训练。不过从另一方面来讲，本书可能会让你更好地了解驱动一座核电站将涉及哪些知识。

因此，在这本书的开篇，让我们设想你已经通过了在一座现代化压水堆核电站的主控制室（见本书彩色插图 4.1）中工作的所有入职考核，而且你已经准备好了学习所有的工作原理。现在你的主管建议你改变反应堆的功率。你对该怎么做有任何头绪吗？

或者假设，计算机系统显示了一个警报。它是什么意思？这个警报指的是约 1,000,000 个——具体取决于你如何计算它们——设备元件中的哪一部分？是否出了问题？你将要使用控制室中的几百种控制装置和指示器中的某一种加以响应吗？还是说，你不得不派人去实地查看该设备？会不会有更加严重的问题正在发生？你要准备关停核电站吗？在一座现代化的核电站，有数万种可能的警报，以及同样多的需要遵循的流程。

作为一名训练有素的反应堆操作员，你需要能够决定何时快速行动，何时以更缓慢谨慎的方式行动。像任何操作反应堆的人，或是在核电站工作的人一样，安全是你最优先的事项。保障安全之后，你可以思考对人员和核电站最有利的其他问题，但首先是安全。尽管如此，你还必须清楚，你的核电站只是一座用来发电的工厂，不必要的关停会导致很大损失。

我没有见过任何一本书（包括这本书）涵盖了你所需要了解的所有内容。毕竟，一名操作员的手指下有非常多的装置要控制。本书不会向你逐一介绍每一个控制装置的功能，而是向你展示，一位称职的操作员是如何运用反应堆的物理原理，借助自动控制系统在一座核电站工作的。

那么，是什么使你成为一名可以成功（并安全）地驱动一座核反应堆的人员？好吧，你可能需要某种科学或工程学的背景，但这不一定意味着大学学位。譬如，它也可能来自学徒生涯。你需要具备学习很多种不同事物的能力，而不必成为它们当中任一门的专家。你需要在跟进流程时严格谨慎，但不要盲目跟进——如果感觉某些事情不对劲，你应该第一时间停下来并询问“一切还好吗”。你要能够迅速从待命状态进入高效操作状态，并且在平安无事的时候不会感到无聊或自满。最重要的是，你要能够与人沟通良好，并能与团队协作。

听起来，所有这些好像都不可能做到？并不是这样的。世界上有超过 400 座正在运行中的核电站，并且每个核电站都有数十名训练有素的操作员。可以把这想象成学习驾驶客机——培训一名飞行员需要花费大量的时间（和金钱），但你坐飞机时，总是有一名飞行员在那里。好吧，至少通常是这样。

1.2　本书涵盖的内容

本书有意没有写成一本教科书。它确实涵盖了一些物理学知识——实际上还相当之多。我很享受物理学——但不享受数学。在现实世界中，我们通常让计算机处理数学问题！作为一名核反应堆操作员，本书主要是讲与你相关的内容，即反应堆发生了什么，什么时候发生的，以及为什么发生。本书包含近百张图表和照片，这些应该有助于你理解那些更为复杂的部分。本书也包含一些物理定义，但我希望这不会让你感到太过枯燥。据我所知，每个行业都有“行话”，核工业也不例外。

无论是为了发电还是为船舶或潜艇提供动力，世界上大多数的核反应堆都属于一种特定的类型：要么是压水堆，要么是与之相似的沸水反应堆（Boiling Water Reactor，BWR，简称沸水堆）。

但对于英国而言，情况并非如此，英国目前的大多数发电反应堆是一种不同的类型。不过，自 20 世纪 90 年代以来，英国运营了一个非常成功的商业压水堆（塞兹韦尔 B 核电站），并且正在建设更多此类反应堆，如欣克利角（Hinkley Point）C 核电站，以及计划用于塞兹韦尔 C 核电站和布拉德维尔（Bradwell）B 核电站的反应堆。因为这个原因，同时由于我作为本书作者的偏爱，本书主要围绕压水堆的操作和技术展开。

我将通过这本书来解释一座压水堆是如何工作的，即是什么让它运转的。我将描述——假设你是一名反应堆操作员——你该如何启动一座核反应堆，调整功率水平并关停该核反应堆。一旦你掌握了三个关键概念（见下文），你会发现，这一切都比你想象的更为容易。在此过程中，这本书将向你介绍一些核反应堆和核电站的历史。我始终觉得这些故事很有趣，同时我也认为，这些故事能让人们更容易地记住影响反应堆操作的因素。

我将解释一座压水堆是如何添加核燃料的，以及你如何辨别反应堆是否已为此准备就绪。我还将介绍压水堆可能发生的几种故障，以及你作为一名反应堆操作员，应该如何处理这些故障。安全第一，记得吗？故障处理将成为操作员培训的重要组成部分，尽管这些故障出现的可能性或许并不大。

1.3 三个关键概念

驱动一座核反应堆可能没有你想象的那么复杂，但也不是完全直观的。接下来是我提出的关于理解压水堆的操作的三个关键概念：

· 反应性，或者说反应堆的内部条件是如何影响链式裂变反应的。

· 反应堆稳定性，即保持其稳定的反馈机制。

· 核电站稳定性，当你将反应堆与核电站的其余部分（以及外部世界）相连接后会发生什么。

如果本书帮助你掌握了这三个关键概念，你会发现，不管是在日常操作中，还是面对更加具有挑战性的事件时，你都会更轻松地理解一座压水堆的表现。

1.4　最后……

如果你正在（或从最近开始）考虑从事核工业领域的工作，那么我祝你好运，并希望你会发现本书对你有用。如果你只是热衷于物理学和工程学，或者可能你就住在一座核反应堆附近，那么我希望你会发现本书既内容丰富又饶有趣味。

如果你想阅读有关能源政策，以及支持和反对建造核电站的争论的内容，请另找其他书籍；关于核能政策的书籍有很多。本书仅包含核电站的简要历史，以及曾影响整个行业的重大事件的简要历史。再强调一次，已经有非常之多的关于这些主题的优秀书籍。与这些书籍不同，这本书基于这样一个事实，即：数百个核反应堆已经存在并正在成功地发电，还有数十个核电站目前正在建设中，并将在几年内投入使用。我不会试图在本书中为这些反应堆的存在而辩护；我只是试图讲解如何驱动一座核反应堆。

第 2 章

物理学真有趣!

如果你正在阅读这本书，我猜是因为你对物理学和工程学感兴趣。这很好，但对我来说，问题是，我不知道你有多少知识储备。如果我猜得太低，你会觉得读来有辱尊严。如果我猜得太高，我所讲的内容又会让人觉得不知所云，而你将会失去阅读的兴趣。

因此，解决方案是这样的：我将从一些我猜你会清楚记得的高中程度的物理知识开讲。我将用这些知识来解释一座核反应堆是怎么工作的，而且以此为起点，我将描述如何驱动一座核反应堆……你可以自行跳过任何你已经熟悉的内容（当然，风险自负）。

2.1 原子与原子核

你可能还记得有人告诉过你，一个原子中间有一个（小的）

带正电的原子核，带负电的电子围绕它转动——有点像是行星绕着太阳公转。在现实世界中，情况要更复杂一些，但就我们的目的而言，这已经是一个足够好的模型了。

举个例子，图 2.1 是一个氦原子的示意图。氦是最简单的化学元素之一：氦有两个带正电的粒子（称为质子，以小黑球显示）在中心（原子核），还有两个在外部转动的带负电的粒子（电子，以小黑点显示）。这两个质子告诉物理学家（或化学家），这是氦。一个质子使其成为氢，三个质子使其成为锂，四个质子使其成为铍，等等，一共有超过一百种被发现或制造的化学元素。电子的数量通常和质子的数量相等，是电子的数量及其排列方式决定了一个元素的化学行为。

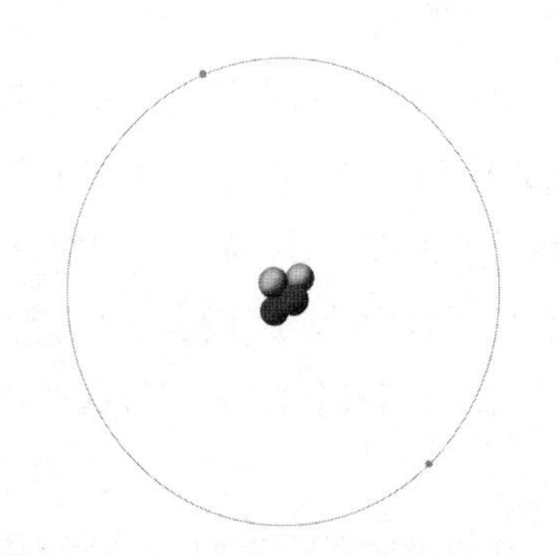

图 2.1　氦原子示意图（未按比例绘制）

氦原子核中的两个质子带正电，因此你可能觉得它们会彼此排斥（同类电荷相斥，还记得吗？）。实际上，原子核中还有两个不带电的粒子（称为中子，以灰色显示），以帮助将其黏合在一起。中子和质子的总数为 2 + 2 = 4，因此我们称其为氦-4。你可以找到只有一个中子的氦原子（氦-3），但是它们在地球上相对稀缺。

原子很小，非常地小。你可以将100,000,000个原子排成一条直线，而它们的长度只有1厘米。但是，当你将原子与原子核的大小进行比较时，原子又是极为巨大的。这幅氦-4的绘图没有按照真实的氦原子的比例绘制，因为真实的氦原子核大约只是整个原子体积的约1/100,000。本书主要是关于铀等大原子的原子核中发生的事情。这是一本关于核物理学的书，而不是关于化学的书，所以从现在开始，我们几乎不会提及电子。从现在开始，你所看到的所有关于原子的绘图都将只是原子核，而不是整个原子，因为前者才是我们感兴趣的所在。如果我简单地称之为原子，请毋庸纠结……

因此，让我们看一看某些原子核——图2.2显示了氢-1、氦-4、氧-16、铁-56和铀-235：

氢-1是一个单独的质子，没有中子。氦-4和氧-16分别有2个和8个质子，也就是说，它们具有与质子相同数量的中子。铁-56有26个质子和30个中子（中子比质子多一些）。当你一路数到有92个质子的铀-235时，你会发现它有143个中子。这只是表明了，一个原子核中的质子越多，就越需要更多的中子将其黏合在一起（在第5章我们讨论放射性裂变产物时，这点会变得很重要）。

顺便提一下，铀的化学符号是“U”，所以从现在开始，我将使用“U-235”代替铀-235，这样更容易阅读。（为便于中文读者阅读起见，本书采用“铀-235”的写法。——编者注）

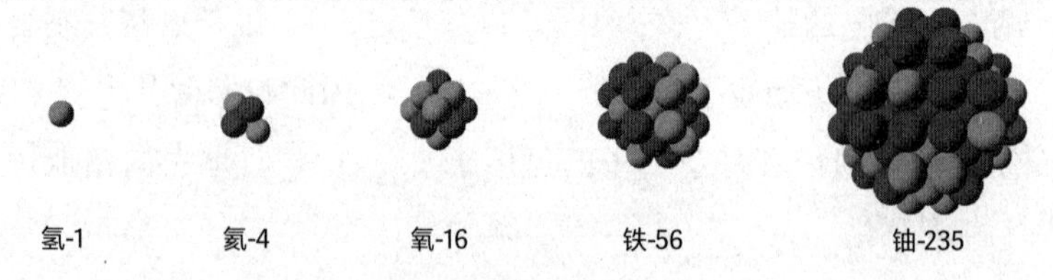

图2.2 几种原子的原子核

2.2 裂变

铀-235 不是一个“快乐的”原子……(好吧，我是说原子核，但这样听起来并不顺，不是吗？)

如果你能找到办法给予一个铀-235 原子核只是一点点的多余能量，它就可能散开并分裂为两个较小的原子核。在物理学中，有若干方法可以做到这一点。对一个原子核而言，一种简单的方法是向其投入另一个中子——如果我们想要表达得具有技术含量，我们可以将此过程称为“中子俘获”。中子本身不会携带大量能量，但当它与原子核结合时，它会释放出能量——试想一下当你将磁铁扣在一块铁上时所产生的噪音，那你就会明白我所说的意思了。

多余的能量使得铀-235 原子核非常不稳定。你可以这样理解这种现象，将铀-235 原子核视为在无重力环境——比如空间站——中的一颗大水滴。如果你曾经看过任何这类视频，你就会知道，一个水滴开始可能呈球形，但它如果被戳刺，就可能被挤压、拉伸甚至分裂成两个水滴。如果这发生了，那么两个新的较小的水滴就可能停留（漂浮？）在那里。但是，铀-235 原子核不会发生这种情况，因为它们每个都是由大量带正电的质子和中子组成的——在这个尺度上，电子离原子核很遥远，而且实际上不会被卷入其中。两个较小的带正电的原子核将非常强烈地彼此排斥，加速到一个巨大的速度，直到最终撞上其他原子并减速。它们的动能接下来将被转化为热量。一个铀-235 原子分裂所产生的大部分能量，都被这些较小的原子核带走了。

这种分裂过程被称为裂变，如图 2.3 所示。其产生的较小的原子核通常被称为“裂变产物”。如果一个中子偶然遇到一个

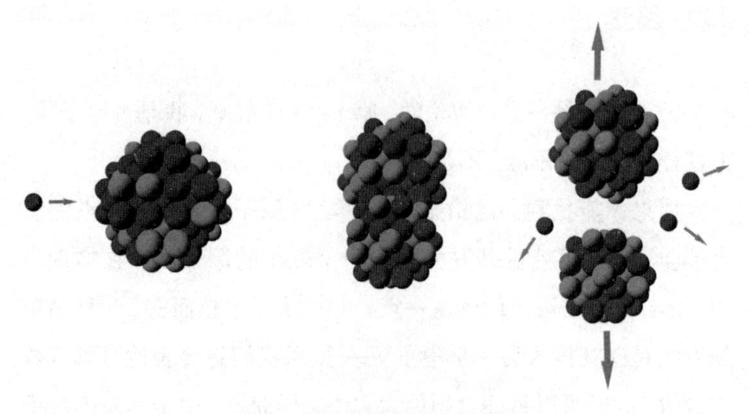

图 2.3　铀-235 的裂变示意图

铀-235 原子核，而且它行进的速度慢到足以被俘获，那么接下来很可能会发生裂变。这是一个快速的过程——对单个的铀-235原子而言，整个过程约耗时万亿分之一秒。但是在原子的尺度上，即使是一个单独的裂变事件，所释放的能量也是巨大的。它大约是从“燃烧”一个碳原子产生二氧化碳的过程中所获能量的2,500,000 倍。

如果我们恰好能够找到一种促使这些裂变事件更频繁发生的方式，那么如此之多的能量可能会非常有用。正好，铀-235为我们做到了这一点，因为每一次裂变事件中，我们还会得到 2个或 3 个额外的中子。从理论上讲，这些中子能够继续引发更多裂变，给我们带来一种“链式反应”。在实践中，这要更为复杂一些。

从地下挖出的大多数铀（天然铀）不是铀-235，而是铀-238（它多了 3 个中子）。如果铀-238 俘获了 1 个中子，它发生裂变的可能性要小得多，因为它有一个更稳定的原子核。不幸的是，只有大约 0.7% 的天然铀是铀-235。你可以通过一种称为浓缩的过程来增加铀-235 的比例，但这个方式非常昂贵，因此大多数铀浓缩厂止步于 4% ~ 5% 的铀-235 含量（如果你浓缩得过高，政策上也会变得很复杂，因为你实际上是在制造核武器的原材料了，我们在此就不深入了）。这意味着你仍然不得不与你的燃料中的大量铀-238 为伍，这些铀-238 不会裂变，但能够以其他方式影响反应堆（你将在后面的章节中看到这一点）。

关于这一点，你可能会疑惑，所有这些多余的能量究竟来自何方？谜底如下：如果你将裂变产物和裂变后出现的中子的质量相加，你会发现，它们比铀-235 加上你开始时使用的那个额外的中子的质量要轻一点点。按照爱因斯坦著名的方程，即能量等于质量乘以光速的平方（$E = mc^2$），裂变过程将一些最初的质量转换为了能量。由于光速的平方是一个如此巨大的数字，所以不管你使用什么单位来计算，只需损失一点点质量，即可带来大量的能量。也可以这样理解，相比最初的铀-235 原子核，裂变产物结合得更为紧密，因为它们是更小的原子核，而吸引力在短距离内效果更好。在将原子核挤压得更紧时，剩余的能量被释放了出来。如果你想了解更多这方面的知识，请上网搜寻关于“结合能”的物理知识。

2.3　快中子和慢中子

在裂变事件之中和之后所释放的中子，以每秒约 14,000 千米的速度移动，即使是物理学家也乐意称其为“快中子”。这一点非常重要，因为这使得它们不大可能被铀-235 原子核俘获。这就像是以极高的速度将一个钢珠射过一块磁铁，它不会停下一样。与此同时，将一个钢珠缓慢地扔向一块磁铁，它将突然停下来并被吸过去。因此，为了促进进一步的裂变，我们需要设计一个减慢中子速度的反应堆。

减慢快中子的一种极好的方法是让它们在某种物质中四下反弹，每次碰撞，它们都损失一点能量（速度）。经过足够的碰撞，快中子将变成慢中子。慢中子有时也被称为“热中子”，这是因为慢中子会以与围绕它们的物质的原子相同的速度运动，因此对物理学家来说，它们与这些原子处于“热平衡状态”。

对中子这一减速的过程，物理学上有很贴切的名字，称为“慢化”，而我们将使中子在其中减速的物质称为“慢化剂”。在一座压水堆中，水便被用作慢化材料。物理知识告诉我们，如果中子碰撞的原子的大小（质量）与中子本身相似，则每次碰撞将损失更多能量。水分子中的氢原子——单独的一个质子——使得水成为有效的慢化剂。英国目前的其他反应堆实际上使用石墨（碳，另一种相对较轻的原子）作为慢化剂。本书第 22 章简要介绍了不同的反应堆设计，届时你将看到这一内容。

顺便说一句，人们谈到核反应堆时最常见的误解之一是：他们会说是控制棒慢化了反应。而要让一名反应堆操作员来说，慢化剂才是令反应堆运转的东西！我每次听到这个误解都会感到心惊肉跳，但我可能是有点过于敏感了……

2.4 链式反应

一旦裂变释放的中子减速，产生热能，如果它们与另一个铀-235 原子相遇，它们非常可能继续引发另一次裂变。但是，正如你看到的，在一座典型的反应堆中，大部分的铀是铀-238，而且很不幸的是，当中子减速至中等速度（介于快中子和慢中子之间）时，铀-238 非常善于俘获它们。在实践中，这意味着如果你简单地将铀与慢化材料混合在一起，那什么都不会发生。在中子有机会减速之前，铀-238 就将它们全部偷走了。

解决这个问题的诀窍是运用一点几何学：有意识地将铀燃料与慢化剂分开。也就是使快中子能够在燃料中产生，它们将逃逸出燃料并进入慢化剂，接下来它们将在慢化剂中减速，再反弹回燃料中，找到一个新的铀-235 原子并引发又一次裂变。这一切听起来有点不太可能，但实际上可以做到！这就是为你的核反应堆提供动力的"链式反应"——这也是使其成为一个"反应堆"的原理——如你在图 2.4 中所看到的。了解是什么因素影响了这一链式反应，是理解反应堆的物理原理的关键。

关于这一点，你可能会有点担心？之前我说过，在每次铀-235 裂变期间或之后，会有 2 到 3 个中子被释放（平均值约为 2.4，当然，你永远不会真的遇上 0.4 个中子）。如果一次链式反应正在进行，并且每次铀-235 原子裂变都会产生 2 个或 3 个中子，那么这一链式反应会不会非常迅速地滚雪球般放大？答案是"不会"。因为大多数中子将会被浪费掉。

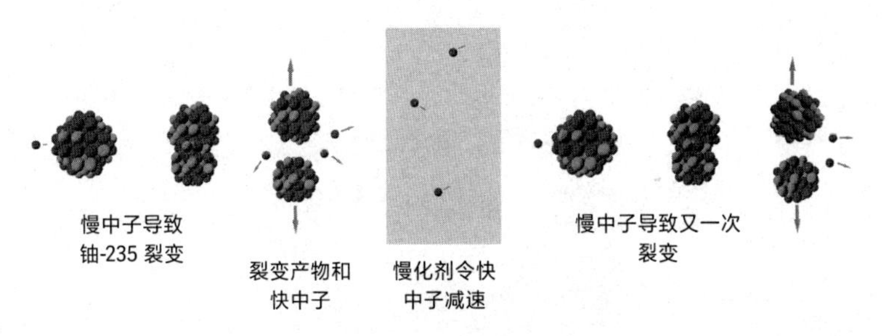

图 2.4　链式裂变反应

中子在慢化剂中随机地四下反弹，因此有时中子会在充分减速之前就回落到燃料中。如果这种情况发生，它们很有可能将被铀-238 原子俘获，进而脱离链式反应。中子还会以其他方式丢失。其中一些中子被水中的氢-1 原子核俘获，生成氢-2（也称为重氢或氘）。其他一些中子还会被构成反应堆内部结构的工程材料（通常是金属）所俘获，例如容纳燃料的包壳或控制棒（两者都会在下一章中加以描述）。还有一些中子的损失，只是因为它们从反应堆的边缘泄漏出来（一个无懈可击的反应堆可以避免这种情况，但无懈可击的反应堆通常会超出你的预算）。

如果反应堆设计合理，每次裂变将产生刚好足够的中子，只让其中一个中子继续引发下一次裂变。稳定的每秒裂变次数可以给反应堆中的能量释放带来一个恒定的速率。换句话说，一个稳定的功率水平。那么需要多少次裂变呢？以一个 1,200 兆瓦发电量的大规模核电站来说，反应堆的热量输出必须要达到约 3,500 兆瓦（1 兆瓦等于 1,000,000 瓦，并通常缩写为 1 MW）。3,500 兆瓦与 1,200 兆瓦之间的落差将在第 10 章中进行说明。要产生 3,500 兆瓦的热量，需要每秒进行 1×10^{20} 次裂变。这是一个天文数字。

第3章

对中子友好

你可能已经发现，你能够这样影响压水堆中的链式反应：

· 你可以将控制棒推入反应堆。控制棒由可以俘获（或者叫窃取）中子的材料制成。控制棒俘获的中子越多，可用于维持链式反应的中子就越少。

· 通过在使中子减速的慢化剂中溶解某种东西，可以实现与使用控制棒类似的效果。在压水堆中，这些放入慢化剂的物质通常是硼，以硼酸的形式溶解在水中。

· 你可以改变反应堆的温度。这实际上会产生几种不同的效应。在后面的章节，当我们考虑稳定性时，我们会回到这一点上来。

· 你还可以用含更多铀-235的新鲜燃料替代旧的燃料，尽管这么做之前你必须先关停反应堆！

仅仅考虑我们正在做出的改变是有助于链式反应还是阻碍了链式反应，意义不大。我们真正想要的是某种测量这种效应的方法。我们为此使用的概念是本书中的三个关键概念之一——“反应性”。

3.1　对反应性的介绍

想象一下，你正在统计一座反应堆中发生的所有裂变反应。通过这么做，你将能够了解裂变发生的次数（比如说，在每一秒内）是上升、保持不变还是下降。每秒发生的裂变次数与反应堆的功率直接相关。如果这个数字正在上升，我们会说反应堆有正反应性，而如果它正在下降，我们会说它有负反应性。换句话讲，一个具有稳定的每秒裂变次数（处于恒定功率）的反应堆必定具有介于这两者之间的反应性，即反应性为零。我曾经遇到过一位来自当时还叫捷克斯洛伐克的“反应堆物理学”讲师。他告诉我，他曾告诉他的学生：“反应性是衡量一座反应堆对中子的友好程度的标准。”这句话非常符合我们的粗略定义。

反应性是一个很好的概念，但是你如何实际运用它呢？你会发现本书中只有很少的数学内容，但是如果你感兴趣的话，还是会发现一些数学知识。

在上面的段落中，我已请你思考一座反应堆中每秒发生的裂变次数。让我们换个方式来思考。如果我们仔细观察一座反应堆，我们可以测量一个中子的“寿命”，即从它在一次裂变事件中被释放，到被另一个铀-235 原子核俘获并引起进一步裂变所经过的时间。我稍后会解释，从核物理学的角度讲，这是一个相当长的时间，大约为 1/10 秒；在原子的尺度上，这相当于好几个时代！你可以将其视为介于中子的“世代”之间的时间（这一切实际上发生在不同时间的不同中子身上，但如果你按照我的建议去思考，这一数学方法仍然是成立的）。

接下来，我们可以考虑看一看某一代中子的数量（对应着裂变次数）与前一代中子的数量之比。如果该比率（通常用 k 表示）大于 1，那么反应堆中的中子数正在增加，因此反应堆功率也在上升。如果它小于 1，那么功率正在下降。如果恰好是 1，则功率水平是恒定的。这与我们之前的反应性的概念是类似的，但令人讨厌的是，它的判断标准是 1 而不是 0。

$$k = \frac{\text{某一代中子的数量}}{\text{上一代中子的数量}}$$

因为我们喜欢一开始所使用的正 / 负定义，判断标准为零会更为方便。因此，为了用 k 表示反应性，我们采用了一种数学技巧并定义：

$$\text{反应性} = \frac{k-1}{k}$$

（除以 k 是为了使数学形式更规整，暂时不用为此纠结。）

$k-1$ 也被数学家们称为 Δk（Δ 是希腊字母，读作“德尔塔”），而反应性通常由希腊字母 ρ 表示，因此我们对反应性的定义变得更加简洁直观：

$$\rho = \frac{\Delta k}{k}$$

这比我们的第一个定义更好，因为它是可量化并可测量的。中子数量上升或下降的速率，连同中子的平均寿命，将带给我们一个关于反应性的数值，而不仅仅是一个正或负的概念。那么，典型的压水堆反应性数值范围是多大呢？

实际上，这些数值意外地小。你通常要非常缓慢地改变你的反应堆的功率（与之相反的是快速关停或“事故停堆”时），因此反应性数值不会距离零非常远。换句话说，即使一座压水堆反应性变化小到 1%（0.01），也将被认为是巨大变化。曾经有人告诉我，核武器的反应性可能高达 +4%（+0.04），尽管我从未在成文资料中看到这个说法。

3.2 尼罗和毫尼罗……

物理学家偶尔会开玩笑，而这里就要介绍一个玩笑。最早在英国从事反应性研究的人员得出了上文所述的反应性定义。严格来说，它只是一个比率，因此不应有名称（或如我们在物理学中所说的“单位”）。得出它的科研人员不喜欢这样，所以决定无论如何要给它一个名字。他们选择称反应性每 1% 的变化为 1“尼罗”。为什么呢？因为 1% 的变化是一个很大的德尔塔（Δk），而什么东西有一个非常大的三角洲呢？（德尔塔在英文中还有三角洲的意思——编者注）那就是尼罗河啊。

老实说，这不是一个好的玩笑，并且尼罗不是一个国际公认单位。英国海军使用一种叫“德比”的说法，而美国人使用“美元 / 美分”，两者的定义是不同的。法国人则简单地使用百分比来表示反应性的变化。不过，英国的民用核工业非常执着于使用尼罗，因此你不得不习惯我在本书中使用尼罗这个单位。

将所有控制棒插入你的压水堆，可能会降低其反应性 0.08，即 8 尼罗。但是在日常操作中，无论是正向还是负向，反应性可能只会变化几个千分之一尼罗（称为毫尼罗）。因此，在本书中，大多数情况下，当我谈到反应性时，我将使用毫尼罗。

这个反应性定义的高明之处（实际上就是因为我之前提到过的除以 k 的方法）是它允许影响反应性的各个因素相加，而无需任何复杂的数学公式。因此，你可以算出你的燃料的反应性（正的）并叠加由插入控制棒带来的反应性变化（负的）。所有其他可能影响链式反应的因素，都可以相同的方式相加和相减，从而计算出你的反应堆的整体反应性。反应堆物理学比它看上去要简单得多！

3.3　你的反应堆的燃料

现在可能是时候介绍你的反应堆中的燃料了。

本书彩色插图 2.1 显示了一个核燃料组件的内部结构。在反应堆“堆芯”中有不到 200 个这样的核燃料组件，其他地方则几乎没有。

在彩色插图 2.1 的右侧，是一根核燃料元件细棒（或核燃料棒，术语可以互换）的示意图。你的压水堆中的每一根核燃料元件细棒大约为 12 毫米宽，容纳有大约 400 个二氧化铀芯块。这些芯块约高 10 毫米、宽 10 毫米，呈圆柱形，以便装入核燃料元件细棒内。二氧化铀芯块的两端略微凹陷，以保留膨胀的余地。核燃料元件细棒的顶部是一个内部装有弹簧的空间。弹簧向下压住二氧化铀芯块以阻止其移动，而弹簧所创造的空间使得放射性气体（来自裂变产物）可以积聚而又不致使核燃料元件细棒内部压力过大。核燃料元件细棒本身由锆（锆锡合金）制成，它看起来像是不锈钢，但俘获中子的能力比钢弱得多。它还具有出色的化学特性，这意味着它可以经受住在你的反应堆中数年的运作。

核燃料元件细棒被放置在一个“骨架”中，如彩色插图 2.1 的左侧所示。核燃料组件骨架包括一个“顶部喷嘴”和一个“底部喷嘴”，由若干“导向管”（有时也被称为“套管”）将它们结合在一起。“格栅”附接在导向管上，提供了用于推入核燃料元件细棒的孔道。一个如彩色插图 2.1 布置的核燃料组件的格栅有 17 × 17 个网格孔，其中 25 个由导向管占据。剩下的网格孔可以容纳 264 个单独的核燃料元件细棒。核燃料元件细棒紧密地排列在一起，彼此最近仅仅相距 3 毫米。核燃料元件细棒之间留出的空间刚好足以让水流动。当反应堆运行时，顶部喷嘴上的“压紧弹簧”将由反应堆压力容器的“上部内构件”的重量压缩（参见第 6 章），由此将核燃料组件牢牢固定在反应堆中。

本书彩色插图 4.2 为你展示了一个核燃料组件被装入反应堆之前的样子。它看起来是一捆长方形的核燃料元件细棒，你可以在图中看到格栅以及顶部喷嘴和底部喷嘴。这些核燃料组件每一个重约 600 千克，而其成本……超过了 500,000 英镑。

3.4 你的控制棒

我将于本书的稍后部分解释你该如何插入——或抽出——控制棒。与此同时，值得一提的是，压水堆的“每个”控制棒实际上都是一束控制棒——我们称之为“棒束控制组件”（Rod Cluster Control Assembly，RCCA）。你可以把一个棒束控制组件想象成一只 24 条腿的蜘蛛，身体在顶部，每条腿接近 4 米长。这意味着棒束控制组件可以滑入核燃料组件骨架的导向管中（这就是它们被称为“导向”管的原因），另外剩下一根备用导向管用于其他用途，例如用于对功率分布的测量。

本书彩色插图 2.2 中展示了棒束控制组件的设计，还显示了核燃料组件顶部喷嘴中的圆孔，每一个圆孔都容纳一根导向管。如果你仔细观察的话，你还将在顶部喷嘴中间的中央导向管上方看到一个小得多的孔。这个孔使得少量的水可以沿中央导向管向上流动。对于其余的每个导向管，在底部喷嘴（图中未显示）中也有一个类似的孔。如果不存在这些孔，导向管中的水会停滞不前，进而被其内部四下弹跳的中子加热至沸腾。对于任何设计压水堆的人而言有一个基本原则，即在任何靠近堆芯的地方都不能有积水。

棒束控制组件中的每个小棒都是不锈钢管，里面装有一种昂贵的合金——含有 80% 的银（Ag）、15% 的铟（In）、5% 的镉（Cd）。这是为什么呢？因为这种合金特别擅长俘获广谱能量（速度）范围内的中子。这意味着如果所有控制棒落入反应堆，你就可以非常快速地关停反应堆。也可以使用其他材料制造控制棒，但银铟镉合金在压水堆中最为常用。

每个棒束控制组件均与一个驱动轴相连接，该驱动轴与反应堆压力容器顶部的贯穿孔对齐（参见第 6 章）。在它们的上方是空心管和“控制棒驱动机构”（Control Rod Drive Mechanism，CRDM）。控制棒驱动机构包括可夹持（和移动）驱动轴的电磁夹具，由此可以将棒束控制组件移入或移出反应堆。

3.5 水的沸腾“点”

如果你已经熟悉这部分的物理知识，那么很抱歉，我还要再讲一遍，因为它与接下来的内容有关……

当你走进一间教室（或一家酒吧）询问人们水的沸腾温度，你得到的答案很可能是“100℃”（或“212 ℉”，如果有人是美国人的话）。接下来问他们在珠穆朗玛峰顶水的沸腾温度，你可能会得到同样的答案，或者会听到关于沸腾温度是否可能会变高或者变低的疑问。正确的答案是 71℃，因为珠穆朗玛峰顶的气压仅为地面气压的 1/3，而物理学告诉我们，气压越低，水的沸点越低。再举一个例子，宇航员和高空飞行员有时会谈论“阿姆斯特朗线”——一个气压低到足以使水在正常体温下沸腾的高度，它大约为海拔 19 千米。

反之亦然。增加气压，沸点随之上升。如果你认为孩子们还知道什么是高压锅的话，可以走进一间教室谈谈高压锅（他们都知道微波炉，但这对这个问题没有帮助），因此，还是回到人们还记得这种东西的酒吧吧：在高压锅中，气压可以升高到正常空气中的两倍左右，这将高压锅内部的水的沸点提高到约 120℃，因此食物煮熟得更快。

在这里我想提一下，你可以使用一整套不同的单位来测量压力。在英国，使用得相当普遍的是“巴”（bar）。1 巴等于 100,000 帕斯卡（压力的国际单位），且 1 巴约等于海平面上的正常大气压——这也就是英国气象员在天气预报中使用毫巴的原因。在美国，人们更常使用磅平方英寸（psi），1 巴等于 14.5 磅平方英寸。在法国使用的是兆帕斯卡，其中 1 兆帕斯卡等于 10 巴。我会在本书中坚持使用“巴”，因为我认为对于我将要讨论的压力来说，这是最方便的单位。

图3.1显示了水的沸点如何随压力变化——这条曲线有时也被称为“饱和曲线”。你可以看到在1巴（标准大气压）下，水在100℃沸腾，而就在图的另一侧，在155巴压力下，水在345℃沸腾。155巴是你的压水堆的“一回路”运行时的压力，而这就是它被称为“压水堆”的原因。你可能也发现了，当接近345℃时，曲线是多么陡峭——要驱使沸点再高一点，你不得不让压力高上许多——对于建筑材料和工程师来说，这都是一个巨大的挑战！这也就是为什么没有压水堆以明显更高的温度运行，大多数压水堆之间的温度相差都不过几度。这很可惜，因为你将在稍后看到，更高的温度会提供更好的蒸汽条件，但你无法改变物理定律。

在图3.1中，我还标明了“稳压器”“热管”和“冷管”的

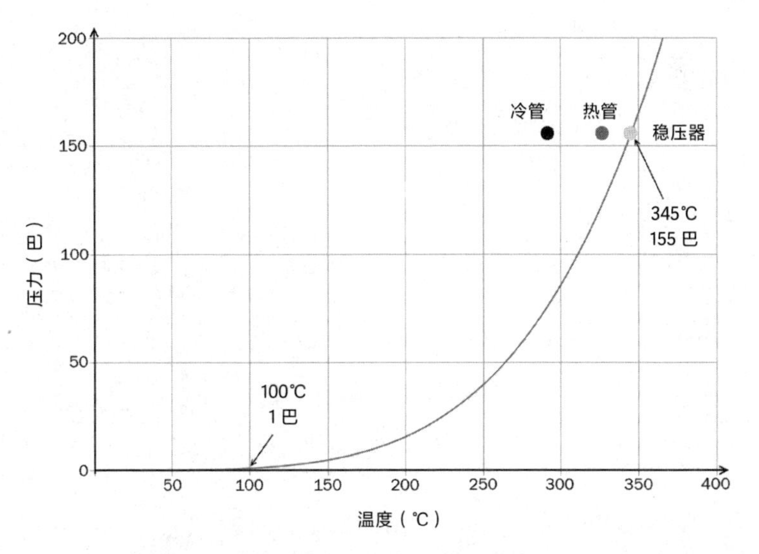

图3.1　水的沸点随压力变化（饱和曲线）示意图

温度和压力。当我们在第 6 章谈论一回路时，我们将遇到这些术语，现在只是先给你一个压水堆将在何种状态下运行的大致概念。

第 4 章

临界点并不像听上去那样糟糕

4.1 临界点：科幻作品中最大的误解之一

你大概能够想到一部科幻电影或电视连续剧，其中一个角色警告另一个角色："反应堆将要进入临界状态了！"紧接着往往是恐慌和主角英勇的补救行为以及最后关头的力挽狂澜。对此我只想说一件事：一座将要进入临界状态（简称"临界"）的反应堆根本没有什么问题……

在前几章中，我们了解了怎么才能让一个铀-235 原子分裂为两个较小的原子（裂变产物），释放出能量以及 2 个或 3 个快中子。其中一些中子可能会在慢化剂中成功减速，并继续引发更多铀-235 原子裂变。这就是为压水堆提供动力的链式反应。在以全功率运行时，你的反应堆内部每秒会发生数以百万计的裂变。

但是在一台关停的反应堆内部，又是什么情况呢？

4.2 从亚临界开始：一座关停的反应堆

假设你已经成功建成了你的压水堆。它已经加热、加压，并为运行做好了准备；慢化剂中的硼酸浓度也必须处于足够低的水平，但我们稍后再讨论这个。此时阻止反应堆运转的唯一因素，是所有控制棒被完全插入了反应堆。这意味着反应堆反应性为负，且数值较大。我们会说这座反应堆处于“亚临界”状态——很快你就会明白为什么这么说。

趁现在，再来一点物理学知识：原来，在不被中子撞击的情况下，铀-235 原子和铀-238 原子偶尔也会经历裂变，我们称此为“自发裂变”。但是在原子的尺度上，这相当罕见——在 1 千克铀-238 中，每秒只有 5 个原子出现这种情况，而 1 千克铀-238 包含了超过 2×10^{24} 个原子，因此这确实是无比罕见的事件。而对铀-235 来说，自发裂变的概率只是铀-238 的千分之一！这可能听上去微不足道，但事实并非如此。这表明，在你的反应堆中，总会有一些中子从自然过程中被释放出来。实际上，作为放射性衰变的一部分，许多裂变产物也会放射出中子（参见第 5 章），因此，如果反应堆包含了新鲜燃料以外的任何其他物质，那么反应堆中将有更多的中子。

这些自然出现的中子会怎么样呢？好吧，它们与我们在考虑链式裂变反应时一直谈论的那些中子没有什么不同。这些自然出现的中子也具有在一定范围内不等的速度（能量），有些快，有些慢。这意味着总是存在这样的可能：一个中子离开燃料（它产生的地方），被慢化剂减速，然后又回到燃料中，引发另一个铀-235 原子的裂变。

由于所有控制棒都在反应堆里面，对于单个中子来说这种情况并不太可能发生。许多中子将被俘获，无法引起又一次裂变，但这种情况有时会发生，引发短的裂变链。每一个实际发生的裂变链都会迅速消失——这与我们对于反应堆处于关闭状态的定义是相符的，即 k 小于 1，反应性为负。但是，新的（短的）链式反应将一直发生。因此，即使在关闭的反应堆中，仍然有一些中子被产生出来并在反应堆中四下运动——我们称之为中子通量。这意味着，某些中子会不可避免地从反应堆边缘逸出，并且你可以使用“中子探测器”对其进行计数。

我承认，这可能看上去与我们对 k（某一代中的中子数与上一代的中子数之比）的定义不符，因为根据该定义，你可能会预期，对一座关闭的反应堆而言，中子的数目始终在减少，直至为零（k 小于 1）。但在现实的反应堆中，情况比本书中的定义要复杂一些。在一座关停的反应堆中，任何自发裂变的中子都不会导致持续的链式反应，但是其中一些会导致转瞬即逝的短链式裂变。如果你在某个特定时间将所有这些小的链式反应加在一起，你就会得到一个可测量的（低的）中子通量。

4.3　接近临界状态

告诉你一个窍门：如果你开始将控制棒从堆芯中抽出，你就增大了反应堆的反应性（反应性的负值更小），单个中子因此将更有可能继续引起另一次裂变。链式反应仍然会逐渐消失，但平均而言，它们会持续更长时间。每一次抽出控制棒，都将有更多活跃的链式反应发生，而这将增大中子通量。这就像将水倒入一个有许多小孔的杯子中一样，你将（通过孔）失去所有你倒入的水，但是你倒入水的速度越快，杯子中的水位就会越高。在你的反应堆中，你抽出的控制棒越多，总体反应性的负值就越小，而中子通量也就越高。

物理知识这时就显得非常有用。如果你对这些效应进行数学建模，你会发现，如果你将“反应性的负值”减半（例如，从 –8 尼罗到 –4 尼罗），那么中子通量将翻倍。这意味着，只需要通过观察中子计数器，你就能够对反应堆中的情况有一个清晰的了解。如图 4.1 所示。

我们能从中得出什么结论呢？如果你持续抽出控制棒，你最终将达到一个反应性不再为负的状态。一旦反应性达到零，链式裂变反应（总体而言）就将不再逐渐消失。这个状态有一个特定的名称，它被称为“临界状态”。你的反应堆将开始一种自持的链式反应。这就是一座反应堆将要“临界”的全部含义——反应性为零。实际上，你可以将其视为“开动”了反应堆。除了

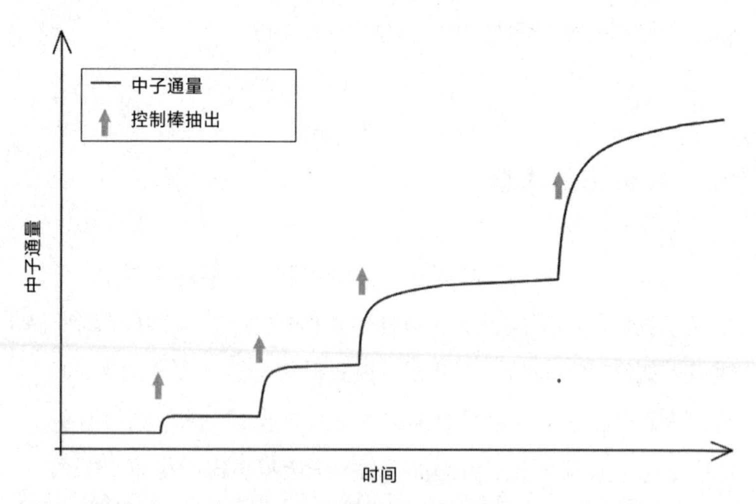

图 4.1　亚临界状态的反应堆对控制棒抽出的响应示意图

反应堆处于稳定功率状态之外，“临界”一词不会告诉你关于反应堆功率水平的任何信息：可能是 1 瓦特，也可能是 3,500 兆瓦（MW），它们都是“临界”的。在达到临界状态之前，反应堆处于“亚临界状态”，这仅仅意味着其总体反应性是负的。

不幸的是，越是接近临界状态，中子通量稳定到恒定值所花费的时间就越长，因此越来越难以看出来离临界状态有多近！物理现象有时就是这样。但是，如果你通过将控制棒抽出得稍稍多于你所需要的程度，驱动反应堆超过了临界点，那么你将看到不同的情况。中子通量检测器显示的不再是逐渐稳定的中子通量，你将看到它以非常独特的——我们称之为“指数型”——曲线上升。这被称为“超临界”，如图 4.2 所示。总体反应性现在是正的，并且从链式裂变反应所获得的能量正在增加（以指数级增加，对数学有兴趣的话，也可以这样形容）。

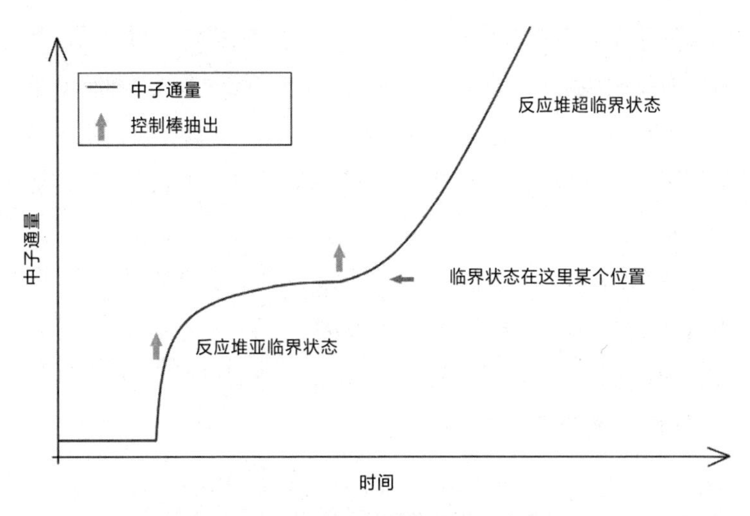

图 4.2　反应堆超临界状态示意图

4.4 超临界：也不成问题

接下来会发生什么？你的反应堆突然跃升到产生 3,000 兆瓦的热量吗？不是的。一般来说，临界状态第一次出现时，只有相当于几千瓦功率的裂变率。请记住，让水循环通过你的反应堆的水泵（在第 6 章将详细介绍）此刻正在产生约 20 兆瓦的热量，而裂变产物衰变可能再增加 10 兆瓦左右的热量。你意识到在此情况下你无法检测到来自“刚刚临界”的反应堆的热量（几千瓦）。但是你能够发现反应堆已经到了超临界状态，因为中子通量（通过测量逸出反应堆的中子量推知）没有稳定下来，而是在持续增加。

从临界状态下的几千瓦热量开始，上升到 3,500 兆瓦的热量（为了确保你的核电站能够产生足够的电力），你将需要把功率提高大约 1,000,000 倍。这将需要反应堆在一段时间内处于超临界状态。但是不用担心。你将在后面有关稳定性的章节中看到，超临界状态并不意味着不稳定。一旦你达到预期的功率水平，你可以对反应性进行一些微调（例如，通过将控制棒稍微推回到堆芯中），功率就可以稳定在某个数值。这样，你就把反应堆重新带回了临界状态，但是处于一个与你最初达到临界状态时不同的功率水平。

现在你可以理解那些科幻小说作家一再犯错误的地方了。不过，我得承认，“队长，反应堆快要临界了，但不要担心，这是无害的，并且接下来还要利用它，这正是我们想要的……”这样的对白完全没有冲击力，不是吗？

4.5 瞬发中子和缓发中子

这里还涉及一些物理学知识，那就是瞬发中子与缓发中子及二者之间的区别。在第 2 章，我告诉过你，每一次铀-235 裂变通常会产生 2 或 3 个中子。我没有提及的是，它们并非全都出现在裂变那一刻。大多数中子是裂变时释放的，这些是瞬发中子。不过，一小部分（少于 1%）则被“延迟”了，并在稍后被某些裂变产物释放出来。具体有多“后”，各不相同，但宽泛而言，从裂变后的零点几秒到几分钟的任何时刻，都有可能出现缓发中子，这取决于它们是从何种裂变产物中释放出来的，以及该裂变产物是如何衰变的。

也许令人惊讶的是，对于设计一座核反应堆来说，缓发中子事实上非常重要，大多数实际运行的核反应堆（包括压水堆）的设计都建立在仅靠瞬发中子不容易引发临界状态的考虑之上。反应堆需要在有缓发中子的情况下才能达到临界状态。尽管缓发中子只占中子总数的不到 1%，但其释放的延迟时间要比瞬发中子的寿命，即从一次裂变到通过慢化剂再到被俘获并引发进一步裂变的时间要长上许多。缓发中子具有提高中子的平均寿命的作用，将其从约千分之一秒提高到约十分之一秒。依靠缓发中子对反应堆达到临界状态的影响，反应堆中的功率变化减慢至先前的大约百分之一，而这确保了反应堆的可控性。

如果你能够为你的反应堆增加足够的正反应性，那么（理论上）你可以仅依靠瞬发中子达到一个临界点，即“瞬发临界”。由于功率水平可以非常迅速地变动，这样的反应堆将非常难以控制。对一座压水堆来说，这意味着在超过临界点之后，反应性再增加约 0.7 尼罗（700 毫尼罗）。由于一些在本书后面章节才会介绍的原因，这是很难办到的。而在一些其他反应堆设计中，瞬发临界更容易实现，而这也是导致切尔诺贝利（Chernobyl）核电站事故的一个重要因素，相关内容将在第 9 章讨论。

与此同时，现在也是时候用一些真实的反应堆历史来说明这一切了。

4.6 芝加哥 1 号堆

铀的裂变于 1938 年由德国化学家奥托·哈恩（Otto Hahn）及其助手弗里茨·斯特拉斯曼（Fritz Strassmann）发现。此后不久，人们意识到链式裂变反应可能是可行的。这样一种链式反应有两个明显的应用场景：作为高效的能量（电力）来源或威力巨大的武器。在第二次世界大战期间和之后，这两个想法都变得非常重要，德国和美国的科学家在尝试产生链式反应的研究上处于领先地位。关于这些项目的书籍很多，但是在这里，我只想重点介绍美国的著名项目——曼哈顿计划（你可能知道这个）的一部分。

1942 年 12 月初，在芝加哥大学斯塔格球场的一个地下壁球场，芝加哥 1 号堆（Chicago Pile 1）即将完工。该项目的首席物理学家是恩里科·费米（Enrico Fermi），因此芝加哥 1 号堆有时也被称为“费米堆”。人们之所以将其称为“堆”，是因为它像之前的实验一样，由许多层（一堆）石墨块一层又一层地堆叠在一起组成。石墨是碳的一种存在形式，它本身主要是碳-12。碳-12 是一种轻原子，几乎不会俘获中子，因此是用作“慢化剂”的不错选择。那么燃料呢？好吧，铀-235 的浓缩工艺在当时还没有得到很好的发展，因此芝加哥 1 号堆唯一可用的燃料是天然铀，其中仅含 0.7% 的铀-235。根据不同供应商的产品规格，铀以金属和氧化物两种形式嵌入到石墨块的孔洞中。

到第 57 层石墨块加上去的时候，仪器——中子计数器——显示，可控的链式反应可能是可行的，因此建造被暂停了。总的说来，芝加哥 1 号堆使用了 45,000 个石墨块（360 吨），其中容纳了 5 吨金属铀和 45 吨氧化铀。它大致呈球状，高 6 米，宽度超过了 7 米，由一个木制框架所支撑。

芝加哥 1 号堆的非凡特征之一，是它被置于一个橡胶气球中。空气中含有已知会俘获中子的氮，因此科学家们认为，可能有必要用二氧化碳气体替代反应堆中的空气，以排除氮。事实证明，芝加哥 1 号堆所用的石墨和铀的质量好于某些早期实验所用的材质，因此二氧化碳不是必要的，但令我印象最为深刻的是，实验人员设法订购了一个由固特异公司生产的 7.6 米见方的正方形橡胶气球，却没有告诉厂家它是用来干什么的！

芝加哥 1 号堆构造的照片存世很少，而且我不知道在我接下来描述的实验过程中是否拍摄过任何照片。不过，美国艺术家约翰・卡德尔（John Cadel）曾为芝加哥 1 号堆创作过一些出色的素描和图画。图 4.3 即是其中之一。

你可以清楚地看到石墨块的堆层和（非常粗略的）球形造型。气球构成了一张环绕反应堆四周和顶部的帷幕，但它的前方像帘子一样被拉了起来。在反应堆的前端伸出的是一根原始的控制棒。在芝加哥 1 号堆中，控制棒由钉在木板条上的镉条制成，因为当时人们已知镉善于俘获中子。如果中子计数器上的信号变高，其中一根控制棒将自动插入反应堆。还有一根控制棒被一条可以用斧头切断的绳子挂住。此外还有一桶一桶的氮化镉，可以用于俘获中子。实验者不想拿可控性冒险。

图 4.3 芝加哥 1 号堆

第一次启动失败后，自动控制棒重新插入堆芯（此时中子计数器被设置了一个过低的量程）。实验在 1942 年 12 月 2 日下午 2:00 重新开始，这次除一根控制棒外，所有控制棒均被抽出，而最后一根控制棒每次仅被抽出 0.15 米。

我认为物理学家赫伯特·安德森（Herbert Anderson）的回忆是对这一事件最好的描述：

> 起初，你能够听到中子计数器发出的声音：咔嗒、咔嗒。然后，咔嗒声越来越快，而过了一会儿后，咔嗒声开始汇集为咆哮。计数器不再能够跟上，于是实验者将仪器切换为图表记录仪。但是当切换完成时，所有人都突然沉默下来，观察着记录仪指针越来越偏向一边。那时候真的

是鸦雀无声。每个人都意识到切换记录仪器的意义。我们当时的精神都处于高度紧张状态，而记录仪已不再能够应付这种情况。一次又一次，记录仪的量程不得不加以改变，以适应增长得越来越快的中子强度。突然，费米举起了他的手。"该堆达到了临界状态。"他宣布说。没有人对此有任何异议。

图 4.4 是当时的图表记录仪的描记图，从左至右为时间轴。

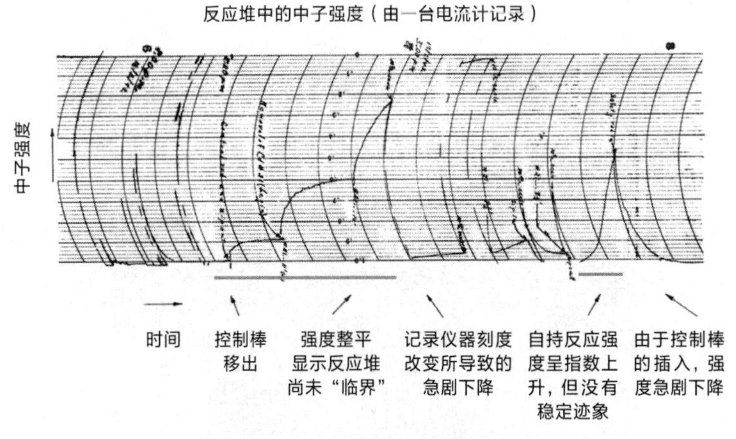

图 4.4　芝加哥 1 号堆的启动

我用正下方的长横线标识的部分清楚地显示了随反应性增加，处于亚临界状态的反应堆的表现模式。每一次控制棒被抽出，中子通量就上升到一个新的水平。越接近临界状态，通量的跃迁就越大，但它也花了越来越长的时间来达到一个稳定值。

相比之下，我用右下方短横线标识的部分显示，伴随着持续升高的陡峭的中子通量变化，反应堆达到了临界状态。请记住，因为在这一刻仪器的量程已被更改，这一部分的描记图所显示的通量水平实际上比左侧所显示的要高得多。描记图的最后部分（短横线显示部分之后）则显示，随着控制棒的重新插入，中子通量逐渐消失，反应堆随后进入了亚临界状态。

芝加哥1号堆（第一次）运行了4.5分钟，并达到了0.5瓦的功率。它成功地证明了人工核反应（链式裂变反应）堆的可行性。因此，芝加哥1号堆是所有现代核反应堆的前身，包括你的压水堆。就核工业而言，芝加哥1号堆可以被视为纽科门蒸汽机一般的先驱。芝加哥1号堆证明了其设计原理是合理的，但更为实际的应用还有待时日。

顺便说一下，数年之后，美国核学会将芝加哥1号堆中的一个石墨块切碎，制成了一些相当小众的纪念品。因此，我有幸珍藏了芝加哥1号堆非常小的一部分（如图4.5）。它是非卖品……

图4.5 一小块（但意义非凡）的芝加哥1号堆石墨块

第 5 章

什么使得核能如此特别?

有许多职业都需要经过很多年的培训，运用特别的技能，或者专注于在人们最需要的时候帮助他们。所有这些都不足以反映出我使用“特别”一词的含义。我真正想要表达的意思是，运营一座核电站（特别是驱动一座核反应堆），有两个特性可以被看作是核工业所独有的：

- 紧凑的能量来源。
- 来自裂变产物的热量和放射性。

在本章中，我将解释它们如何使核能显得如此特别，以及为什么你需要关心它们。

5.1 紧凑的能量来源

让我概括一下。

从工程学的角度看，你的压水堆相当小。它高约 4 米，宽度刚刚超过 3 米，形状大致为圆柱形。它的体积约为 35 立方米。耐心听我讲……看看你现在身处其间的房间。如果它高 2 米，而且比如说长和宽各 4 米（大约相当于一个普通起居室的大小），那么它的体积与你的反应堆一样大。

现在想象一下，你的房间里容纳了 1,000,000 个同时通上了电的电热水壶。这幅图景说明了在一个同样大小的小空间里，你的反应堆产生了多少的热量——此即你的反应堆的“功率密度”。

老实说，你可能很难想象出 1,000,000 个水壶是什么样子。我猜想，如果把你的 4 米 × 4 米 × 2 米的房间装满水壶，那么，根据它们的大小和形状（而且还没有留出电源线的空间），你只能装下 5,000 ~ 10,000 个水壶。根据你的反应堆的功率输出，在相同大小的空间中，所需要的水壶数量将是上文所述的 100 倍！

换一个表述方式：如果你有一把现代的电水壶，它的底部大概装有一个 3 千瓦的加热元件。如果在水壶中放入 1 升水，它将在 2 分钟内将水烧开。你的反应堆的体积为 35,000 升（1 立方米为 1,000 升），功率为 3,500 兆瓦，因此功率密度约为每升 100 千瓦。在这样的功率密度下，水壶里的水不到 4 秒就烧开了。

这就是我说的核电站是“紧凑的能量来源”的意思。核电站是一个很大的地方，有很多机械、泵、管道、阀门，等等。相比之下，核反应堆这个驱动整个核电站的东西小得可怜。

这点非常重要。我们已经说过，你的压水堆产生 1,200 兆瓦的电力，这来自反应堆的 3,500 兆瓦的热量。英国电网的需求一直在变化，比如说从温暖的夏季周末的 20,000 兆瓦，到冬季寒冷的工作日的大约 50,000 兆瓦。如你在图 5.1 中可以看到的，每一天之内也有很大的变化。平均而言，1,200 兆瓦是英国电力需求的 3%。因此，一座反应堆就满足了这个国家 3% 的家庭、工厂、火车和其他所有的电力需求；而它做到这点，每年只用了 25 吨铀燃料。

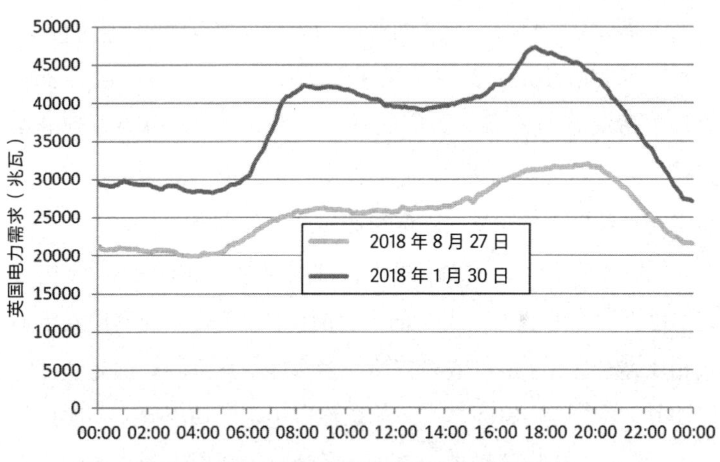

图 5.1　英国夏季和冬季的电力需求示意图

假如你想要用燃煤火电站替代压水堆生产电力，你将需要多少煤才能产生等量的电能呢？答案是大约 2,000,000 吨。那将是一座高 150 米、宽是高的 3 倍的煤堆。记住，这只是一年发电所用。因为温室气体和酸雨排放，英国不会再建造更多的大型燃煤火电站，但即使要建造，修建它们的合理地点将是（并且以前就是）靠近煤矿的地方，这样就不必在全国范围内运输数以百万吨计的煤炭。在英国，仍有 40% 以上的电力来自燃烧天然气——

好在天然气更容易运输。然而，25 吨铀燃料每年只需要几辆卡车就可以装下。你可以在任何适合的地方建造你的核电站，不用担心燃料的运输问题。

那风能呢？要知道，大多数大型风力涡轮机能够产生约 3 兆瓦的电力，但是即使在多风的英国，风也是变化无常的！风力发电行业的从业者会告诉你，一台海上风力涡轮机的平均输出功率为其最大功率的 30%。因此，要匹配 1,200 兆瓦的电力，你将需要建造超过 1,000 台大型风力涡轮机。你还需要把它们放在不同的地方，以免它们在同一时间都因为无风而停摆——即便这样，这种情况有时还是会发生。我并不反对风力发电——它在低碳能源中扮演着至关重要的角色——但是，你在海滩上看到的寥寥几台大型风力涡轮机，它们的输出与英国电网的需求功率的规模之间有着巨大的落差，认识到这一点是很重要的。

我在本书开始时说过，我不会试图捍卫核电站的存在，因为它们已然存在。我希望上文的内容能让你了解到，与其他发电形式相比，核电站在能量输出方面是多么地与众不同。这是使得它们如此“特别”的原因之一。如果你以稳定的输出操作一座现代压水堆，那么从你的指尖所产生的能量足以让四十架满载的波音 747 飞机同时起飞。仔细想一想吧。

5.2 裂变产物

在第 2 章和第 3 章，我们考察了裂变过程和链式反应，尤其是在铀-235 中的情形。在大多数情况下，不考虑任何被释放的自由中子，一个经历了裂变的铀-235 原子核将分裂为两部分。它们就是“裂变产物”。那么这些裂变产物到底是什么呢？

它们是较小的原子核。你可能会认为铀-235 原子核的分裂或多或少是随机发生的，而且如果你对数学或理学感兴趣，你可能会想象到裂变产物服从“正态分布”。

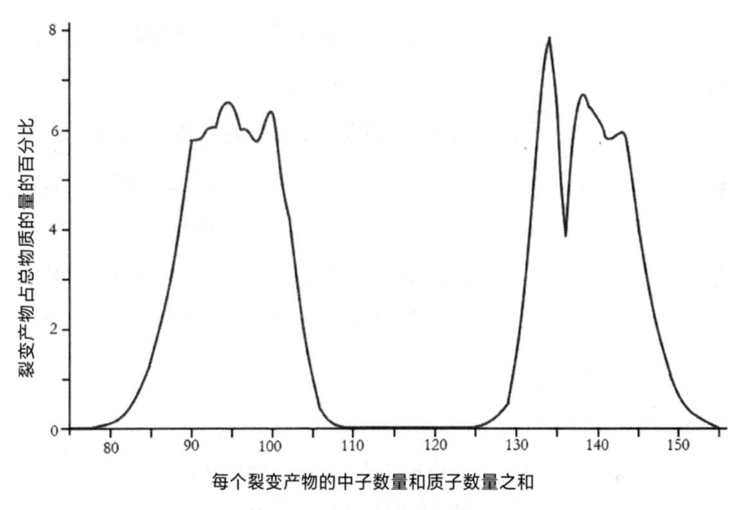

图 5.2　来自铀-235 裂变反应的裂变产物示意图

实际上，铀-235 的内部结构更为复杂，而比较常见的一种情况是，裂变产物中的一种更重一些，另一种更轻一些。两部分的质量近乎相等的分裂远比你想象的更不可能发生。图 5.2 显示了铀-235 的裂变产物按质量——即中子和质子的数量加在一起——的分布。一次典型的裂变，将带给你一个来自该图左边的裂变产物，以及一个来自右边的裂变产物。

正如你已经知道的那样，由于带正电，裂变产物一开始会非常强烈地互相排斥。它们将离开裂变反应发生的位置，并带走大部分可用能量。在此之后，它们将在燃料内部小幅反弹，放慢速度，以热的形式释放这些能量。一旦它们变得足够慢，它们将能够吸收一些杂散电子并成为电中性的原子。

但这有一个缺点。你还记得铀-235有92个质子和143个中子吗？原子核拥有的质子越多，它就越需要更多的中子才能将这些质子聚在一起。因此，分裂成两个较小的碎片后，每个碎片可能都有超过其所需的中子。在许多情况下（并非全部），这将使得裂变产物不稳定，从而导致“放射性衰变”。

你可能会认为，如果有太多的中子，裂变产物“衰变”的途径肯定是放射出一个中子？其中一些裂变产物确实如此，包括第4章中提到的产生缓发中子的那些裂变产物。然而，核物理现象是复杂的，裂变产物发生衰变还有其他的方式。你可能还记得中学课上学到的一些内容（还有其他更复杂的衰变机制，但我们在这里就不予赘述了）：

- α 衰变是放射出一个由两个质子和两个中子组成的快速移动的“α 粒子”的过程。实际上，α 粒子只是一个快速运动的氦原子核，并且将很快减速。如果它是在你的燃料中产生的，那么它不太可能会逸出燃料。对于原子核中有太多中子的问题，发射 α 粒子实际上并没有太大帮助，因此它不大可能是裂变产物的衰减机制，但在裂变过程中，有时可能产生 α 粒子，例如当铀-235原子分裂成三部分而不是两部分时。
- 裂变产物更常发生的是 β 衰变。在 β 衰变中，一个中子变成一个质子和一个电子。显然，这有助于减少中子的数量。其中的电子（β 粒子）会以非常快的速度从衰变过程中逃逸出来，离开燃料，并与燃料外部的无论什么物质发生相互作用。β 衰变还会产生颇具神秘色彩的反中微子。在本书中不需要关注这些东西，因为它们没有与任何东西发生反应就将离开你的反应堆（以及核电站）了。

- γ 衰变既可以单独发生，也可以与 α 衰变或 β 衰变一道发生。γ 射线是 X 射线的高能量版本，因此它具有极高的穿透性。

以裂变产物碘-131 为例。所有铀-235 裂变中，约 3% 会产生碘-131——因此在一座运转中的反应堆中，它相当常见。碘-131 的半衰期是 8 天——这意味着，如果你有一些碘-131，并且你等上 8 天，一半的碘-131 将会衰变。再等 8 天，剩下的那一半的一半也将衰变。以此类推……

如你在图 5.3 中可以看到的，碘-131 通过 β 衰变变为氙-131。请记住，β 衰变会使质子数增加一个，因此改变了元素的化学性质。它也会使得中子的数量减少一个，并保持质子和中子的总数不变。此后不久，因为它有过多的能量，氙-131 原子

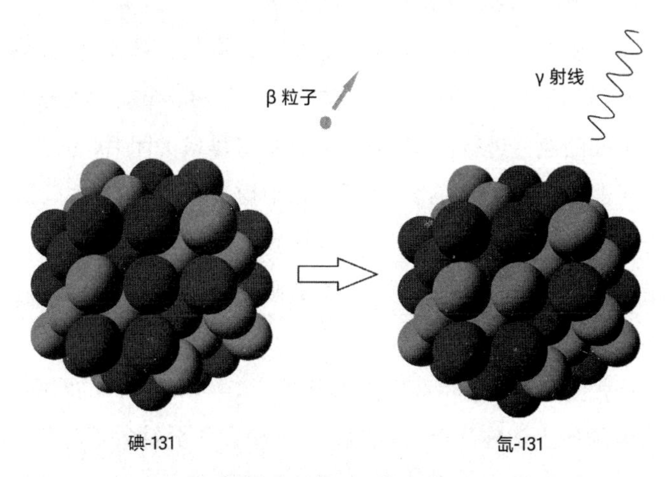

图 5.3　碘-131 的衰变

核将发射出一道 γ 射线。因此，碘-131 既发生 β 衰变又发生 γ 衰变。

在反应堆的核燃料组件投入使用之前，你大可以靠近它们，因为此时它们只具有非常温和的放射性。相反，在一座反应堆中燃烧 5 年（变成辐照燃料）之后，核燃料组件中就包含许多放射性裂变产物。事实上，那时核燃料组件将具有致命的放射性。当我们处理退出反应堆的核燃料组件时，无论做什么都必须牢记这一点。

5.3　衰变热

我们还没有讲完与放射性裂变产物有关的内容。对于驱动一座核反应堆，它们还以另一种形式发挥重要影响，我们称之为“衰变热”。

简单地说，放射性衰变会释放能量。如果发生足够多的放射性衰变，这种能量会以热量的形式呈现。即使在被关停后，含有辐照燃料的核反应堆仍会产生数以兆瓦计的热量。所有这些衰变以不同的速率进行，而这意味着在反应堆被关闭后，总衰变热量将立即非常快速地下降，然后变为平稳下降。这是因为某些裂变产物的衰变非常快，而其他裂变产物的衰变则慢得多。对于数学家来说，这一衰变热曲线是“指数函数之和”。

图 5.4 展示了一条典型的衰变热曲线。

这张图上的数值得我们深入思考。在反应堆关停的瞬间，衰变热大约相当于你的反应堆功率的 6.5%，1 分钟后下降为 3%，而一小时后下降为大约 1%。看看这张图上的水平尺度是如何延伸的：它开始于以秒为单位，一直延伸到以天数为单位。但等一下……如果我们以正在以 3,500 兆瓦功率运行的反应堆为例，则其 1% 的功率为 35 兆瓦。该图告诉我们，即使关停一小时之后，你的反应堆仍在产生 35 兆瓦的热量！ 10 天后，它仍将产生约 10 兆瓦（0.3% 的功率）的热量。如果我们没有合适的设备来消除这些热量，反应堆将会过热，而核燃料组件也将受到损坏，哪怕反应堆已经关停。

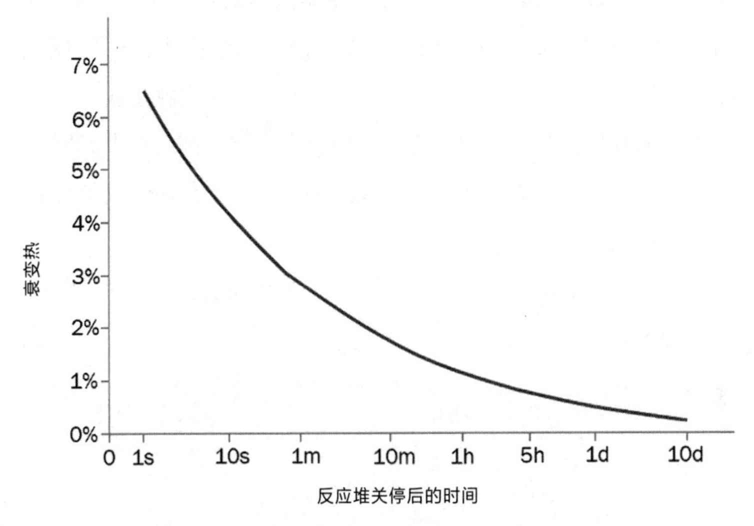

图 5.4　作为反应堆功率的一部分的衰变热示意图

衰变热是使得核反应堆如此特别的原因之一。在日常生活中，当你关闭某样东西时，它会停止产生热量并冷却下来。对于一座燃煤发电站或一台风力涡轮机，你关掉它们然后走开就可以了。裂变产物的放射性衰变意味着核反应堆是与它们截然不同的，如果我们驱动一座核反应堆，这是必须要考虑的事情。

5.4 可能发生的最坏情况

这个世界天然地（也有人为地）就具有放射性的。不管辐射来自你周围的岩石和你吃的食物，还是来自20世纪大气层核弹试验遗留下来的放射性物质，你都生活在一个放射性的环境中。

从运营一座核电站的人士的角度来看，可能发生的最糟糕的事情，就是放射性裂变产物不受控制地大量释放，也就是说，一次可能会显著增加公众受到放射性辐射的风险的事件。这种风险之所以存在，只是因为有裂变产物的存在，而这就是我在这里提到它的原因。好消息是，绝大多数裂变产物都被封锁在燃料的结构内，因此，只要不出现戏剧性的事件，不会有任何放射性物质被释放出来。

我们会在后面的章节中回到“反应堆中可能出现的问题”这一主题上来。

第 6 章

容纳你的反应堆的东西

是时候展开讲讲工程学了……对于一座压水堆来说，“容纳你的反应堆的东西”被称为“一回路”。它有时也被称为“反应堆冷却剂系统”，因为这就是它的作用——容纳将热量从反应堆中带走的冷却水。

在本章中，借助示意图和照片，我将带你依次了解一回路中的每一个组件。作为一名反应堆操作员，要对这套设备是如何完全组合起来的有一个非常透彻的了解，这是非常重要的。这是你真正了解它如何运转以及你可以做什么来控制它的唯一办法。

让我从一回路的布局开始，如本书彩色插图 1.1 所示。

这是压水堆一回路中的一条冷却回路。要了解它，可以从标有“冷管”的那条管道开始。在这张示意图上，一回路内的水流从左向右流动，然后从右手边跳回左手边。它叫“冷管”，但这条管路里的水温刚好超过了 290℃。水经过冷管流入“反应堆压力容器”（Reactor Pressure Vessel，RPV），水向下流到反应堆压力容器的底部，然后向上通过堆芯。堆芯是核燃料组件所在的地方，因此也就是所有核热量产生的地方。现在变得更热的水离开反应堆压力容器，进入“热管”。让你了解一下相关尺度：热管和冷管的直径大约为 0.7 米——你可以沿着管道爬行（我认识一个这么干过的人！）。

在一座压水堆中，随着水向上流经堆芯，水升高的温度出人意料地小，略高于 30℃。因此，热管中的水温为 325℃左右。不过，每秒流经堆芯的水约有 20 吨。因此，这一较小的温度上升依旧意味着水吸收了极其大量的热能。

从热管出发，水向上流入“蒸汽发生器”（Steam Generator，SG）。蒸汽发生器包含了 5,000 多个单独的管子，每个管子的形状像是一个倒过来的“U”。在 U 形管的外部，有一个独立的水回路，供一回路的水将热量散入其中。蒸汽发生器的功能是从一回路中移走热量，并利用它将二回路中的水煮沸成蒸汽。从蒸汽发生器流出的一回路水将以冷管温度（约 290℃）返回。一回路中的水自蒸汽发生器流入管道系统（此处称为“过渡管”），后者将水带到“反应堆冷却剂泵”（Reactor Coolant Pump，RCP）中。电力驱动反应堆冷却剂泵将水推回到冷管中，以便水可以一次又一次地在回路中循环。

你可以看到附着在热管上的东西，它是所谓的“稳压器”。回头我将解释它的用处，但首先我需要说明一下的是，压水堆很少如本书彩色插图 1.1 所示，只有一条冷却回路，两条、三条或四条回路才是标准配置。每一条冷却回路都连接到同一座反应堆压力容器上，而只有一个稳压器连接到其中的一根热管上。你的压水堆是一个有四条冷却回路的发电机，如本书彩色插图 1.2 所示。

因此，你的压水堆有一个装在其反应堆压力容器中的核反应堆，它通过四条热管连接到四台蒸汽发生器。过渡管从每一个蒸汽发生器延伸到反应堆冷却剂泵（同样，共有四条过渡管），然后四条冷管从反应堆冷却剂泵连接回反应堆压力容器，单独一个稳压器通过一条长管与其中一条热管相连接。这或许不是布置压水堆管道系统的唯一方式，但它大概是最为常见的方式了。

一回路中不同回路中的水在反应堆压力容器中混合，因此每个回路中的水的压力将是相同的——这就是为什么你只需要一台稳压器。为什么要有多条回路？因为你添加到设计方案中的每一条回路都能让你从反应堆中带走更多的功率（热量）。另一种选择是减少回路，但采用大上许多的蒸汽发生器和水泵——但是如果它们的体积大上许多，你将很难将它们从工厂运到核电站来！

与其他一些反应堆设计相比，你的压水堆的一回路非常简单。在一回路中没有阀门要操作，也没有复杂的管道系统。反应堆冷却剂泵甚至以固定速率运行，提供一道（几乎）恒定的水流。除了反应堆本身以外，几乎没有什么要“调整”或“控制”的。但不用担心，在你阅读本书的过程中，有足够的内容让你保持专注。

6.1　反应堆压力容器

反应堆压力容器是容纳你的堆芯的容器。在大多数（包括你的）压水堆中，实际上是两个容器合而为一。外部容器是反应堆压力容器的主体，它是负责承担大部分结构强度的压力保持容器。内部容器由“下部内构件”和“上部内构件”组成，它们构成了用以布置核燃料组件和控制棒的架构，悬挂在压力容器顶盖的横档（堆芯支承）之上。

本书彩色插图 2.3 是反应堆压力容器的剖面图。你的核燃料组件（堆芯）长 4 米，而整个反应堆压力容器为 14 米高。此图显示一条冷管在左侧，一条热管在右侧。在现实中，热管和冷管与各条冷却回路相对应，因此你的有着四条回路的压水堆共有四条冷管和四条热管。该示意图清楚地显示了水的流动路径，水从冷管进入，然后沿下部内构件的侧面流动。它唯一可以流动的路径是向下流向反应堆压力容器的底部，然后向上流经燃料。在此之后，它进入上部内构件，随后自行流入热管。

在本书彩色插图 2.3 中，你可以看到反应堆压力容器顶盖是用螺栓固定的，以便顶盖可以被拧开并卸下，从而进行燃料更换。控制棒驱动机构安装在反应堆压力容器的顶盖上，控制棒的驱动轴由上部内构件中的导管所引导。在你的压水堆的底部，有一个叫作“二级堆芯支承”的结构，该结构的作用是在堆芯支承发生故障时接住下部内构件。该结构还可以用于将中子探测器导入堆芯中，日常性地测量反应堆的功率分布，尽管不是每座压水堆都具有这一功能。

本书彩色插图 4.3 可以让你大致了解一个真正的反应堆压力容器的大小。这是一个正在安装的反应堆压力容器。包含其顶盖，该反应堆压力容器的总重量为 435 吨，它由低碳钢型材锻造而成（为了提高强度），内部衬有不锈钢作为永久性化学保护层。

6.2　蒸汽发生器

除了反应堆压力容器以外，一回路中最大的组件是蒸汽发生器。在你的压水堆中，四条冷却回路中的每一条都连接有一台蒸汽发生器。这是一回路和二回路相遇的地方，对于蒸汽发生器的二回路一侧，我将在后面的章节中进行更详细的描述。

从热管进入蒸汽发生器的底部后，一回路的水通过“管板”中的孔洞并进入“蒸汽发生器管”。在你的每个蒸汽发生器中都有超过 5,000 根薄壁管。薄壁可使得热量高效地传递到二回路的水中。你可以从本书彩色插图 1.1 和 2.4 中看到，这些管子形成一丛厚厚的倒 U 形管束。在现实中，这些管子之间仍然有足够的空间，可供二回路中的水向上流经管束并在此过程中沸腾。两种机械式“蒸汽干燥器”位于管束上方，这将在后面的章节加以描述。同时，已经变得较冷的一回路中的水从蒸汽发生器流出并进入过渡管。

本书彩色插图 4.4 是一台正在被运送到建设施工处的核电站的蒸汽发生器的照片。这种型号的蒸汽发生器高度超过 20 米，宽度为 4.5 米。一台空的蒸汽发生器重达 300 吨。在核电站的建设过程中经常能够看到蒸汽发生器这样的大型设备在河流或海上运送。对这样的大型设备而言，公路运输可不是那么容易。

6.3　反应堆冷却剂泵

反应堆冷却剂泵有一个大型电动机，用来驱动一条垂直驱动轴。在驱动轴的另一端是一个小泵轮，位于一个弧形的泵壳内。当泵轮旋转时，一回路中的水被推出过渡管，并进入冷管中——

如本书彩色插图 2.5 所示。

你的压水堆中的电机被设计为刚好以其电源供给的一半频率旋转。在英国，电网频率为 50 赫兹（3,000 转每分钟），因此该电机每分钟将旋转 1,500 次。设计成电网频率的其他比例（例如 1/4）也是可行的，这取决于电机是如何绕组的。通常，每个反应堆冷却剂泵将消耗 5 兆瓦的电力，它们是真正的大型电机，每个电机的重量约为 50 吨，如图 6.1 所示。

主轴将电动机的速度向下传递给泵轮（有点像螺旋桨，它是用来推动水的）。但这就是挑战所在……泵轮位于一回路内，因此它处于 155 巴的压力下、290℃的水中。电机却处于“反应堆建筑物”内部，在一回路之外。这意味着旋转的主轴穿过了一回路的压力边界。你将如何密封它，从而使一回路水不会从主轴周

图 6.1　一台反应堆冷却剂泵电动机

围流出来？这十分困难，因为没有简单的机械密封办法可以完成这项工作。因此，你的压水堆和其他大多数反应堆所采用的技术，是以高于 155 巴的压力将清洁水注入密封包中。这些水的一部分向下流入一回路中，另一部分则顺着主轴向上流回并被收集，在稍后再次使用。换句话说，反应堆冷却剂泵依靠“密封注入”的方式保持其密封性，并将一回路的水保持在一回路之内。

6.4　稳压器

稳压器用于控制一回路中的压力。它令一回路中的压力达到 155 巴，并保持在该水平。在你的压水堆中，稳压器是一个垂直安装的大型管状水箱。其底部是功率为大约 2 兆瓦的电加热器，顶部有一些较小的接口。如果你打开加热器——你可以在控制室执行这一操作——你将加热其内部的水。一旦水开始沸腾，你将在其顶部得到一个蒸汽气泡。你得到的蒸汽越多，压力就上升得越高（因为其向下压迫水），而这将使水的沸点沿着你在第 3 章了解到的饱和度曲线改变。最终，将达到 345℃、155 巴的状态。达到这一状态后，你可以将加热器调低，因为这就是运行压水堆时所需要的压力水平。

稳压器的底部通过一根长管与一条热管连接。通过该管道（稳压器“波动管”），来自稳压器内的蒸汽气泡的压力被一回路的其余部分所共享。当水随着温度变化而膨胀或收缩时，波动管也是一回路中的水进入或离开稳压器的路径。长长的管道可以减少稳压器底部的温度循环，不然稳压器会因疲劳而缩短使用寿命。

每当你想要增加一回路中的压力，只需增加稳压器的加热功率即可。如果你想要降低压力，就将加热器调低一点。如果你需要更快地降低压力，你还可以打开一道阀门，让较冷的水从稳压器顶部的喷嘴流出来。设计思路各有不同，但是在你的压水堆中，喷嘴喷出的是来自其中一条冷管的水，因此它比蒸汽气泡的温度低了50℃以上。如果你使用喷嘴，这将导致部分蒸汽凝结，而压力将迅速下降。将“泄压阀”安装在稳压器的顶部也相当常见。如果喷嘴不敷应用或无法使用，这些阀门可保护一回路，使之免于压力过高。

本书彩色插图2.6是你的稳压器的剖面图，它清楚地显示了电加热器、波动管接口和喷嘴。这一型号的稳压器超过15米高，单单是自重就接近100吨。

6.5 全部组装在一起

值得深思的是，设计、制造和组装一回路的组件将用到多少工程学知识。这些组件需要用非常优质的材料制成，经过严格的锻造并焊接成形，同时还需要进行非常之多的质量检查。然后，在你的核电站的调试和投产之前，各种不同的组件还需要运送到施工现场，并在你的反应堆建筑物内被焊接到一起。

本书彩色插图4.5展示了一个实例。在这张图片中，你应该能够识别出被四个用于降低热量损失的镜面隔热层覆盖着的蒸汽发生器。如果你从蒸汽发生器的顶部向上看，你将能够看到主蒸汽管道，这些蒸汽管道的支承非常坚固，以承受蒸汽压力和地震的考验。蒸汽发生器之间是“燃料加注腔”，在日常操作中，位于燃料加注腔中的是由更厚的镜面绝缘层覆盖其底部的反应堆压力容器顶盖。反应堆压力容器本身以及堆芯均位于燃料加注腔的地板层的下方，因此无法在此图片中看到。反应堆冷却剂泵隐藏在另一侧的混凝土地板下面（此处因建筑工程而被封住了）。巨大的冷却风扇（浅灰色圆锥体）直接位于反应堆冷却剂泵上方。最后，在最左侧的混凝土框中，你正好可以看到稳压器的顶部……此外还有许多台吊车！

6.6　在“罐头”内

反应堆建筑物是“放置你的一回路的地方”。这些为现代压水堆（如彩色插图 4.5 中的这一座）而建造的建筑物既巨大又坚固。你的反应堆建筑物的墙壁由混凝土制成，厚度超过 1 米。建筑物完工后，钢缆通过贯穿混凝土的管道并相互拉紧，混凝土将得到很有效的再加固——以这种方式压紧后，混凝土会变得更加坚固。

不仅如此，反应堆建筑物的内壁还用焊接起来的钢板作为内衬。进出建筑物的每条管道或电缆都被焊接或固定在钢衬板上。当人们告诉你，他们将要进入“罐头”时，你会明白他们为什么会这么说，是因为他们正要造访有钢衬板的反应堆建筑物。

混凝土墙和钢衬板的结合意味着该建筑物异常坚固，同时也密不透气。你可以给整个建筑加压到 3 巴以上，这样即使有蒸汽从破裂的管道中流出，它也不会泄漏到外面。这样的建筑物也能够抵御外部的冲击和抗震。这就是为什么反应堆建筑物有时被称为“安全壳”建筑物。尽管如此，只是为了防止反应堆建筑物出现泄漏，就围绕第一个反应堆建筑物建造第二个反应堆建筑物这样的事情，在现代压水堆中并不少见。在这些设计中，你既有“主安全壳”建筑物，又有“次安全壳”建筑物，尽管可能听上去令人困惑，但这些名称与你的压水堆的一回路和二回路毫无关系。

6.7 规模感

· 你的一回路在大约 300℃和 155 巴的条件下运行。

· 你的反应堆产生 3,500 兆瓦的热量。

· 一回路的水流量约为每秒 20 吨。

· 反应堆冷却剂泵每分钟旋转 1,500 转，由自重 50 吨的电机驱动。

· 反应堆启动一次可以不间断地可靠运行 1 ~ 2 年。

这就是为什么你需要大量的工程师！

第 7 章

抽出控制棒并退后

现在你已经——既从物理学也从工程学的角度——了解了什么在为你的压水堆提供动力，现在可能是时候走上控制台并试着驱动它了。你将从反应堆的启动开始，想象这就像是把车从路边开上马路……

7.1 你从哪里开始？

你可能会设想，本章将从冷却和减压了的反应堆开始介绍。但事实上，你将在你的反应堆已经处于“正常工作压力”和“正常工作温度”的情况下开始反应堆的启动程序。提醒一下，正常工作压力约为 155 巴，正常工作温度约为 290℃（冷管温度，T_{cold}）。当反应堆关停时，热管中的温度（T_{hot}）将非常接近于冷管温度。

从正常工作压力、正常工作温度状态展开本章，有如下几个原因。首先，如果你的反应堆刚刚以意外的方式关闭，那么，恢复到正常工作压力、正常工作温度将是你的控制系统稳定整个核电站的关键。这样可以避免意外的冷却以及可能会导致堆芯沸腾的压力损失。其次，要启动反应堆，你需要为控制棒提供动力。而只有在核电站没有"停摆"的情况下，你才能做到这一点。与其他许多压水堆一样，如果你的一回路温度或压力超出运行中的反应堆的正常范围，就会发生事故停堆。换句话说，除非你从非常接近正常工作压力、正常工作温度的状态开始，否则不可能（至少不能按照标准程序）启动你的反应堆。在第 21 章讨论换料停堆时，我们会讨论怎样将核电站从冷却状态转换到正常工作压力、正常工作温度状态。

启动核电站的条件甚至比你想象的还要严格得多。在你的核电站中，简单而言，只要四个冷却回路没有同时运行，就不允许运行反应堆。这意味着你需要让四个反应堆冷却剂泵同时运行，同时每个蒸汽发生器都处于适宜的水位。你还需要掌握从一回路中除去热量——包括衰变热和反应堆冷却剂泵所产生的热量——的方法，而这就会涉及蒸汽排放。通常，你会向涡轮冷凝器倾倒蒸汽（参见第 12 章），为此你需要运行让海水通过冷凝器管路循环的大型水泵。

化学防控对于避免核电站损坏也是至关重要的，因此你很可能已经在运行"主给水泵"（参见第 10 章）——它的作用并不是为蒸汽发生器供水，而是让二回路中的水通过化学净化系统循环。除此之外，你还要让常用的计算机、仪表、供暖通风空气调节、照明和电厂冷却系统投入使用。

给你一个提示：要运行所有这些设备，可能需要从电网中获取 40 兆瓦的电力，而这时你甚至还没有开始运行反应堆启动程序！这就是几乎没有压水堆能够在没有电网电源的情况下启动的原因之一，也就是说，压水堆无法执行所谓的“黑启动”。你将不得不先启动某些其他类型的电站，以便为你的核电站系统的所有设备的运行提供电力……

启动反应堆的大概流程见图 7.1。你可以看到，你要做的第一步是确保满足了上述所有要求——而且可能还有一些其他的要求。让我们假设一切顺利，并继续下一步吧。

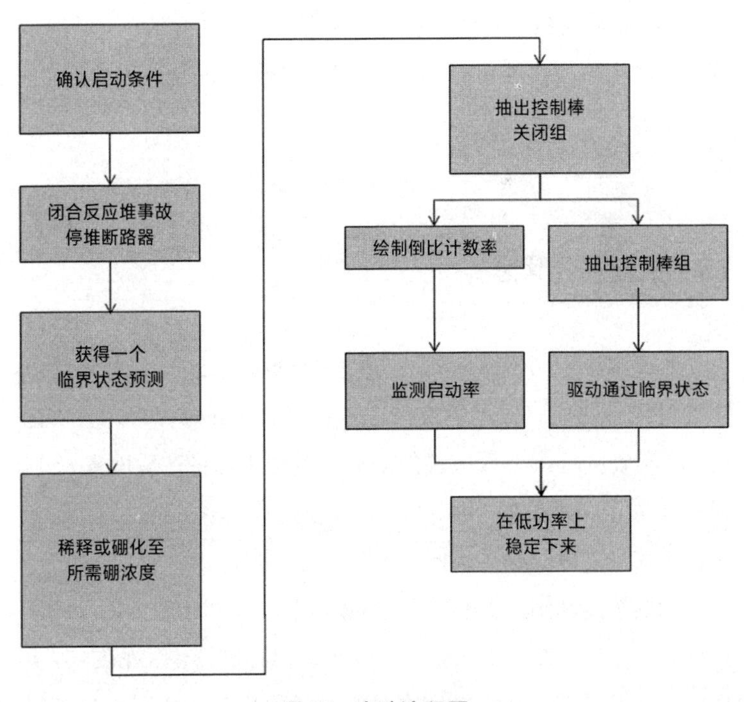

图 7.1　启动流程图

7.2 你做好防护了吗？

你即将从“事故停堆”的状态启动反应堆。这意味着控制棒驱动机构与其电源之间的断路器将全部断开。这使得你无法移动任何控制棒，因此，你显然需要在启动前闭合这些断路器。事实上，要闭合这些断路器，你还需要重新设置你的“反应堆保护系统”，已经处于“事故停堆”状态的设置均须重置，否则这些断路器不会闭合。但目前不必对此多加操心，我们将在第 17 章中更详细地讨论保护系统。

在核安全方面，闭合断路器不仅仅使你能够移动控制棒。这也意味着保护系统可以在任何时候重新断开断路器并将控制棒释回堆芯，从而自动关停反应堆。闭合断路器“激活”了保护系统的控制棒事故停堆功能，让进行其他操作（例如更改一回路中的硼浓度）变得更安全一些。

7.3 预测临界状态

令压水堆不同于其他类型的反应堆的特点之一，是操作员可以通过两种物质自主地改变反应性：控制棒和硼。有人会争论说，改变温度是调节反应性的第三种方法（你将在后面看到），但这在本章并不重要，因为我已经说过，你是从正常工作压力、正常工作温度这一稳定条件开始启动反应堆的。

硼的浓度越高，堆芯的反应性就越低。这意味着为使反应堆达到临界状态，你原本不得不进一步抽出控制棒，而现在，如果你降低了硼浓度，你将能够在控制棒插得更深的情况下达到目的。如果你让硼浓度足够低，你的压水堆可能在所有控制棒都完全插入时达到临界状态；而如果你让硼浓度足够高，那就根本进入不了临界状态！显然，在你开始做出任何调整之前，你都需要仔细考虑这一点。

在后面的章节中，你将看到进入预期的临界状态的所有步骤，也就是可以让反应堆达到临界状态的硼浓度和控制棒抽出程度的组合。现在，你只需接受由一个曾经做过计算的人提供的预测。一旦你有了这个预测，你就可以继续操作了。

7.4　改变硼浓度

在你的一回路中有超过 250 吨的水在循环，因此你可能很好奇该如何改变水中的硼浓度？答案是使用一套化学和容积控制系统（Chemical and Volume Control System，CVCS）。本书彩色插图 1.3 为化学和容积控制系统的示意图，其中水流从左上方开始顺时针流动。

让我们从“泄落孔”开始，它们与你的压水堆中的某一条过渡管相连接，并且它们为离开一回路的水提供了一个高阻力的流动通路。每个“孔”实际上都是一块上面钻有许多小洞的板子。需要用很大的压力驱使水通过这些孔，而这反过来会导致水在通过后压力下降，因此孔下游的水压比一回路一侧的水压要低得多。

如果我们只是通过泄落孔降低压力，我们将看到水迅速变成蒸汽，因为它的温度高于新的（更低的）压力下的沸点。因此，我们还需要冷却泄落到化学和容积控制系统中的水。这个流程开始于孔上游的“再生热交换器”中——较冷的水被重新充入一回路中，用于冷却泄落的水。在此之后是一个更传统的“非再生的”热交换器，由一个单独的冷却系统（“设备冷却用水系统”，参见第21章）进行冷却。一旦水冷却并减压，我们可以使用过滤器和化学树脂床（由有化学涂层的塑料珠组成的精细过滤器）来净化一回路中的水，并去除所有溶解在水中的杂质，例如由于腐蚀而产生的杂质。

水随后落入一个可以去除放射性气体的大水箱［“容积控制水箱”（VCT）］。该水箱内存有氢气，旨在将水中的氧气含量保持在非常低的水平，以减少对一回路的腐蚀。在此处你也会看到与反应器补充水系统的接口，你可以通过它添加纯水或硼化水（含硼的水）。这些水都分别保存在储罐中，纯水和硼化水可以分别泵入化学和容积控制系统中，如果你试图添加特定硼浓度的水的话，也可以将它们混合，一起泵入化学和容积控制系统中。添加淡水稀释了一回路，添加硼化水则硼化了它。你会看到对这些操作的描述——进行“稀释”和“硼化”。

显然，你不能持续加水到一回路中，否则迟早会容纳不下的！你可以在彩色插图1.3中看到，还有一个部分是一条通往放射性废物处理厂的路径。这也是化学和容积控制系统用于转移多余的水，将其从一回路中移出的方式。

最后，你会看到水离开容积控制水箱并进入“上水水泵”。它们是压力非常高（以约190巴的压力泵送）的水泵，用于将水推回到一回路中的某一条冷管中。上水水泵还为我们在上一章中提到过的反应堆冷却剂泵的密封注入提供了水流。上水水泵下游的“上水流量控制阀”对返回一回路的水量进行总体控制。如果该阀门打开，则稳压器中的水位将上升，而容积控制水箱水位将下降。如果阀门关闭，则情况相反。

让我们在此记录一些数字：正如你已经看到的，一回路中的水流量约为每秒 20 吨，此即每秒流过堆芯的水量。而化学和容积控制系统的流量约为每小时 20 吨，相比之下小至前者的数千分之一。使用化学和容积控制系统，有可能在 1 小时左右的时间内将一回路中的硼浓度提高或降低万分之几。这听起来或许并不多，但是通常情况下，当反应堆以全功率运行时，整整一天，你也只需要将硼的浓度改变 $2 \times 10^{-6} \sim 3 \times 10^{-6}$。

反应堆的启动与日常操作有所不同。你很可能想要将硼浓度改变万分之几，以达到你所预测的临界状态。你可以在移动控制棒之前改变硼浓度，这样每次你只是以一种方式影响反应性，可以减小出错的概率。接下来随着你提高功率，你还需要再将硼浓度改变万分之几。所有这些操作将要花费几小时，因此你的计划必须为此留有余地。

你可以以不同的顺序执行这些操作，但是在这一特定的启动过程中，我将假设，在移动控制棒之前，你会先使用化学和容积控制系统达到你的目标硼浓度。当然，正如你会在后面的章节中看到的那样，其他方式也是成立的。

7.5　第一步

你通常不会移动单根的控制棒——有超过 50 根控制棒，一根一根地移动需要很长时间。事实上，控制棒被分为若干“组”，每一组有若干根控制棒，对称地排列在堆芯中。每一次你都会以组为单位移动它们。这有助于反应堆中的能量保持均匀，也就是说，你不会让全部能量只集中在反应堆的某一侧。

尽管所有的控制棒都是相同的，但出于实用的目的，控制棒被分为两组：“关闭组”和“控制组”。关闭组要么完全插入，这时你的反应堆被关停；要么完全抽出，这时反应堆运行。除了关停反应堆并保持其关停状态之外，关闭组对控制反应堆没有任何作用。在反应堆趋近或通过临界状态时，用来控制反应性的控制棒组就是控制组。而当反应堆以全功率运行时，将只有非常少的控制棒被插入，在你的反应堆中，此时只有不到六根来自控制组的控制棒被插入，而且它们只是插入反应堆顶部 20 厘米左右。稍后，我将解释这是为什么。

控制棒驱动机构一步一步地移动控制棒——每一步移动的间距与控制棒传动轴上的圆环（夹具抓住传动轴的位置）的间距相关。通常，间距可能为 15 毫米左右，因此，一根控制棒从完全插入到完全抽出，要经过 200 多步。

在你的压水堆中，有 6 个关闭组和 3 个控制组。有一个选择开关供你依次选择控制棒组，但控制棒事实上只需要你通过推或拉一个简单的操纵杆来移动（如图 7.2）。操纵一座核反应堆有时就是可以如此简单！

达到适当的硼浓度后，你就该移动关闭组了。一次一组，从完全插入到完全抽出。控制棒驱动机构允许你以大约每分钟 50 步的速度进行操作，因此，要完全抽出一组控制棒，大约需要 5 分钟的工作时间。抽出你的全部 6 个关闭组应该只需花费 30 分钟左右。看起来很快？但不要忘了，堆芯只有 4 米高，所以你移动这些控制棒的速度其实并不太快。

在你的控制室中，你会希望移动得比这更慢一点：万一你对临界状态的预测是错误的，或者你的仪器上显示的硼浓度不正确呢？为了确保不会猝不及防地达到临界状态，你在抽出每一个控

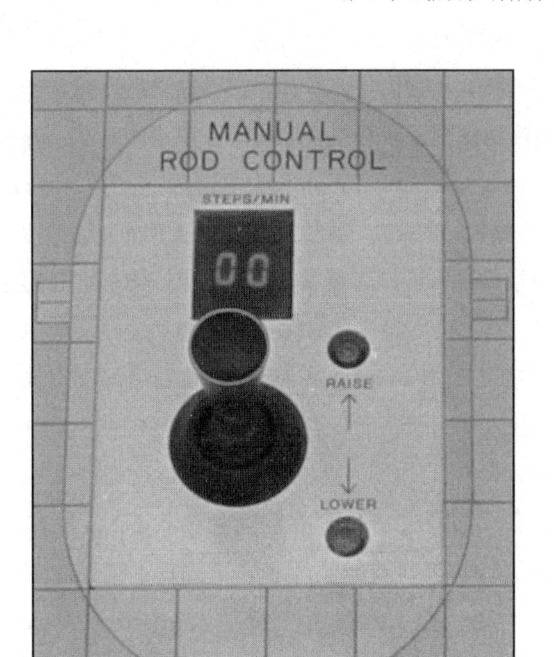

图 7.2　控制棒操纵杆

制棒关闭组时，仔细监测你的反应堆的状态是非常重要的。你该如何监测反应堆呢？可以通过观察当控制棒被抽出时，逸出反应堆边缘的中子的数量（中子通量）情况。在反应堆中飞来飞去的中子越多，从反应堆边缘逸出并被你的中子计数器（通量仪器）检测到的中子就越多。

7.6　趋近临界状态

好，现在是重要的一步。我曾告诉你：临界状态不是什么值得担忧的东西，它是运行中的反应堆的正常状态。而现在我要说的是：尽管如此，它仍是你需要非常谨慎地趋近的状态。问题在于，移动控制棒可以非常快速地增加许多正反应性。如果你对临界点的预测是错误的，或者你不够专注，你可能会在还没有意识到正在发生什么的时候，就让反应堆处于严重的超临界状态了。如果反应堆的超临界状态非常严重，反应堆功率增加的速率将会变得过高，而你将不得不依靠保护系统自动关停反应堆。这样一来的最好情况，是你不得不从头来过，重新启动反应堆。最坏的情况，则是你可能已经损坏了部分反应堆燃料。

你所面对的问题是，弄清在反应堆接近临界状态时，中子通量上升的特征是怎样的。在到达临界状态时，没有一条清晰可见的界线。你在反应堆临界状态下测得的通量水平，将取决于燃料的消耗、硼的浓度、控制棒插入的情况以及你的中子计数器的结果。那么，你怎么才能谨慎地趋近某个你看不见的状态呢？

你还记得在第 3 章，当我们考察亚临界状态的反应堆的中子通量如何变化时的相关内容吗？还记得我说过，如果将“负反应性程度”减半，那么中子计数器的信号会倍增吗？我们可以利用这个现象。我们要做的是绘制一张图表，用来显示当我们从反应堆中抽出控制组时，计数的倒数（1 除以计数）是如何变化的。为了让纵坐标更简单，让我们绘制一幅随着我们的进展，初始计数除以当前计数的变化图，因为这样就将从数值 1 开始。这被称为“倒比计数率”（Inverse Count Rate Ratio，ICRR）。你可以在图 7.3 中看到一条倒比计数率变化曲线。

一条倒比计数率变化曲线始终从数值 1 开始（在图 7.3 中以右侧的刻度显示）。随着控制组被抽出，反应性随之增加，中子通量亦然，中子通量的每秒计数结果显示在左侧的刻度上。

随着与临界状态的距离缩短，倒比计数率变化曲线向下趋向于零。更为有用的是，随着与临界状态的距离减半，倒比计数率的数值也会减半（因为通量增加了一倍）。如果你将这条曲线一路向下延伸到 x 轴（显示控制棒抽出程度），在反应堆抵达临界状态前，它将为你提供对临界状态的预测。因此，通过绘制一张在你抽出控制棒时的倒比计数率曲线图，可以确保你不会盲目地跨过临界点。

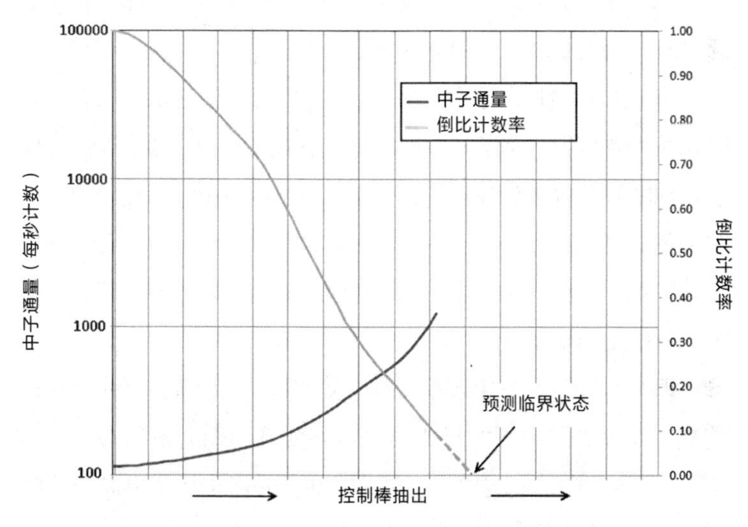

图 7.3　中子通量与倒比计数率变化曲线示意图

你可能也注意到了，倒比计数率变化曲线不是一条直线，它在开始处（左侧）非常明显地出现弯曲。这是因为控制棒每移动一步，为堆芯所添加的反应性并不是恒定的。当控制棒只是非常浅（或非常深）地插入反应堆时，它们所改变的反应性要小于它们在堆芯的中间移动时，而这就是倒比计数率变化曲线具有此特征形状的原因。

7.7 等待临界状态……

新反应堆操作员所犯的最常见错误之一——尽管通常是在模拟舱中——就是试图在初始临界点时精确地平衡反应堆。为什么这是个错误呢？因为这遥不可及！你或许还记得第3章中的内容：你越接近临界状态，中子通量稳定到一个恒定值所花费的时间就越长，以至于要实现这一点，你不得不等待越来越长的时间，以确认你还没有达到临界状态。这毫无意义，却很容易为此浪费一到两小时的时间。这也很枯燥。

另一方面，如果倒比计数率绘制图已经向你显示了临界状态所在的大致位置，为什么不直接将控制棒多抽出一点，以便让你意识到刚好跨过了临界点呢？你随后应该能够看到，在处于稍微超临界状态的反应堆中，中子通量持续上升。在如此低的功率下，少量的正反应性不成问题，而你只需将控制棒推回几步，即可随时停止功率上升。

理想的稳定点是什么呢？一个低通量状态，而且是一个你确信只有在临界状态下的反应堆才能够实现的低通量状态。我会让你在反应堆达到全功率的1/1,000,000时停止功率上升。此时反应堆大约释放3千瓦的核能量，与衰变热和来自反应堆冷却剂泵的热量相比，这是一个极小的热量。此时也是在任何进一步操作之前，你环顾四周所有的指示器并检查有无疏失的时机，尤其是确认你的临界状态预测有多准确的时机。如果临界状态出现的条件与你的预测偏差很大，则可能表明存在很大的问题。也许是你在反应堆里遗留了一根控制棒，也可能是你的硼浓度出了问题，在继续操作之前，你一定要查个究竟。

7.8　倍增时间和启动率

现在你的反应堆已经处于低功率的临界状态，接下来你会想要把功率提高到更有用的水平。这很简单，将控制棒抽出几步即可。反应堆仍处于超临界状态，功率将以指数级增加。反应堆功率增加的速度有多快，取决于反应堆超临界的程度有多大。那么，超临界状态的程度应该多大？我们又该如何测量功率的增长率？

测量反应堆中功率上升有多快的一种传统方法，是通过倍增时间。它听上去是一个很简单的概念：倍增时间就是反应堆功率翻倍所需的时间。尽管概念很简单，但要利用它并不容易。一座功率非常迅速地上升的反应堆，其倍增时间趋近于零，而一座功率非常稳定的反应堆，其倍增时间则是无限长。更糟糕的是，下降的功率水平将对应一个负的倍增时间——当它稳定后，趋近于负无穷大。我发现这很难具象化……

就压水堆而言，通常使用一种更直接的方法来测量反应堆功率是如何变化的。它被称为“启动率”（Start-up Rate，SUR），以“每分钟 10 倍”（Decade Per Minute，DPM）为测量单位。一个处于稳定功率的反应堆，其启动率的值为零。如果功率每分钟以 10 倍上升，它的启动率为 +1 DPM。如果功率每分钟下降至 10%，它的启动率则为 –1 DPM。对于一个全功率运行的反应堆来说，启动率为 +1 DPM 将是一件很荒谬的事。但是，如果你在反应堆全功率的 1/1,000,000 状态下启动，那么 +1 DPM 的启动率意味着你的反应堆需要花费整整 4 分钟才能达到全功率的区区 1%。这样就有足够的时间将控制棒逐步插回。在我们将反应堆功率提高到全功率的百分之几的过程中，我们会将 +1 DPM 作为启动率的上限。

因此，先把控制棒抽出一点（几步），然后往后站。

7.9 下一步到哪里？

在本章中，你已经启动了你的反应堆，并且已经驱动它达到了全功率的百分之几（比如说，几百兆瓦）。从初始临界状态和非常低的功率开始，通过抽出控制棒赋予反应堆一个正的启动率，你做到了这一步。

但是，随着功率升高并超过了全功率的百分之几，你会发现在你的核电站所出现的其他现象：

· 热管水温将开始升高并高于冷管水温——也许这并不是那么奇怪？你的反应堆现在正在产生许多兆瓦的热量，它正被传递到一回路的冷却水中。
· 排放蒸汽的速率将增加，而且你将需要增加给水量，以维持蒸汽发生器内的水位；同样，这是因为有更多的热量需要消除，所以这也不足为奇。

但接下来还有两个现象：

· 稳压器中的水位将上升。
· 在你没有移动任何控制棒的情况下，启动率将下降到零。

所有这些现象都是由于达到了我们所谓的“热量添加点”，也就是说，它们与温度有关。它们的出现，事实上使得反应堆在以仅仅百分之几的全功率运行时容易稳定下来。在后面的章节中，我们还会回到这些现象上来。但是首先，我们需要考虑如何测量反应堆功率。

第 8 章

瓦特功率？

了解你的反应堆的功率水平是至关重要的，就像你需要知道你驾驶的小汽车的速度一样。在一辆小汽车中，转速表通过计算车轮每分钟转动多少次来测量速度，但你如何测量你的反应堆的功率呢？

你应该还记得，当你观察到反应堆接近临界状态时，你能够通过计算从反应堆的侧壁泄漏出来的中子的数量来估计其反应性。有什么问题阻碍我们采用这种技术来测量反应堆的功率吗？

从理论上讲，没有问题。反应堆的功率越高，从侧壁泄漏出的中子就越多。不过，这有一个实际问题。你车上的速度表能够测量从每小时数千米到每小时 320 千米这样高的速度，但我猜，它可能不太擅长测量每小时 1.6 千米或每小时 0.16 千米的速度？我猜，它也完全不能测量每小时 1,600 千米的速度？它的最高准确速度测量值大约是其最低准确速度测量值的 100 倍左右。100 倍的测量范围，这对一辆车来说已足够好了。

那么对于你的反应堆来说呢？我们看到，反应堆在仅仅几千瓦的功率下进入临界状态，但在全功率下，它将以 3,500 兆瓦功率运行。这意味着最高功率大约是我们想要测量的最低功率的 1,000,000 倍。如果中子泄漏的数量与功率水平是成比例的，这就意味着，我们将要在一个近乎 1,000,000 倍的范围内测量中子泄漏量。我敢断言，没有一种仪器可以在可信的精确度上做到这一点。

对这个问题，有一个简单的解决办法——而且这在世界各地的反应堆中也相当普遍，即安装多个仪器并在它们之间进行切换。针对中子泄漏的情况，我们可以安排一些能够在你的反应堆处于临界状态时测量低泄漏量的非常灵敏的仪器，然后用另一套仪器来测量从临界状态升高到部分功率（可能是百分之几十的功率）时的中子泄漏量，最后还有一套仪器用来测量从部分功率一直到全功率，以及略超过全功率时的中子泄漏量。如图 8.1 所示。

你会注意到，仪器的测量范围有所重叠。这样一来，无论功率水平如何，你始终有至少一套精确的仪器能反映反应堆功率。

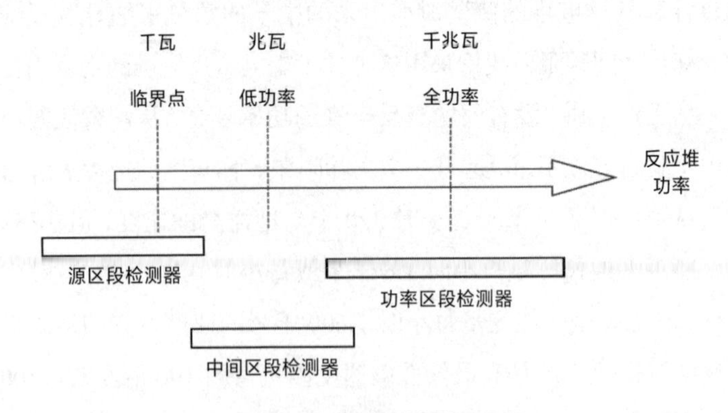

图 8.1　中子通量仪测量区段

反应堆操作员倾向于将这些仪器称为通量测量设备，因为它们测量的是从反应堆中泄漏的中子数（你要记住，我们用同一个词来表示反应堆内四下移动的中子数）。这三种仪器的量程的一般术语是：最低的为“源区段”，最高的为“功率区段”，介于两者之间的为“中间区段”。区段的数量及其名称可能因核电站而异，但其原理是相通的。

8.1　与通量有关的三个问题

这么一来，问题就解决了，我们能简单地使用中子通量仪来测量反应堆的功率了吗？不幸的是，仍然有一些问题存在……

在开始使用的数分钟或数小时内，中子通量仪是很好的设备。因为中子移动非常迅速，中子通量仪对反应堆功率变化的反应非常迅捷。新式的仪器也非常可靠，这一点非常重要，因为更换一台安装在运行中的反应堆旁边的仪器，可不是一件容易的事情。

但是，它们的读数会漂移……我的意思是，在几天的时间里，它们的精确性将慢慢降低，因此会向你反映不准确的功率水平。这并不是因为这些仪器本身有什么根本问题，而是因为反应堆内部正在发生的变化。

在你装填新鲜燃料或新鲜燃料与辐照燃料的混合物之后，功率分布很可能将朝着堆芯的中部集中。这是因为在边缘附近产生的中子可能会逸出堆芯，所以中子的数量分布将出现一种自然的趋向，并因而导致堆芯边缘的功率水平（裂变的次数）低于堆芯的中心。我将尝试在图 8.2 中展示这一点。

记住，你的通量仪器测量的是来自反应堆边缘的泄漏——中子在水中移动的距离并不是非常远，所以这些仪器无法“看到”堆芯的中心。这意味着它们正在记录的能量水平来自一个相当低的中子泄漏。严格地说，当我谈到反应堆边缘时，包括了堆芯的顶部和底部，但你在这些方向上可能没有设置任何通量仪器，所以我们只是简单地讨论侧壁的测量效果。

现在想想燃料里正在发生什么。随着裂变的发生，反应堆内消耗铀-235原子并逐渐堆积裂变产物，其中某些裂变产物能够俘获中子。这个过程在堆芯的中心进行得更快，因为那里是大多数功率产生的地方。随着时间——一天、一周、一月——的推移，这将降低堆芯中心与反应堆边缘相比的反应性，而功率分布将发生变化。这将是一个功率从堆芯的中心向边缘转移的缓慢过程（“重新分布”），如你在图8.3所看到的，这也增加了中子泄漏。你的反应堆的总功率没有改变，只是功率在堆芯内部的分布发生了改变。

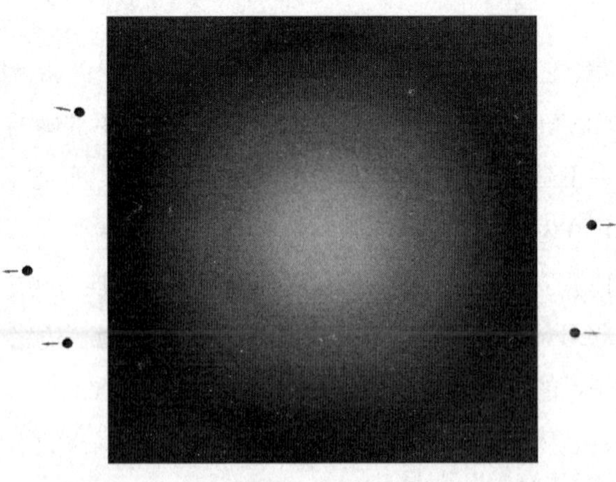

图8.2 燃料更换后的功率分布及中子泄漏

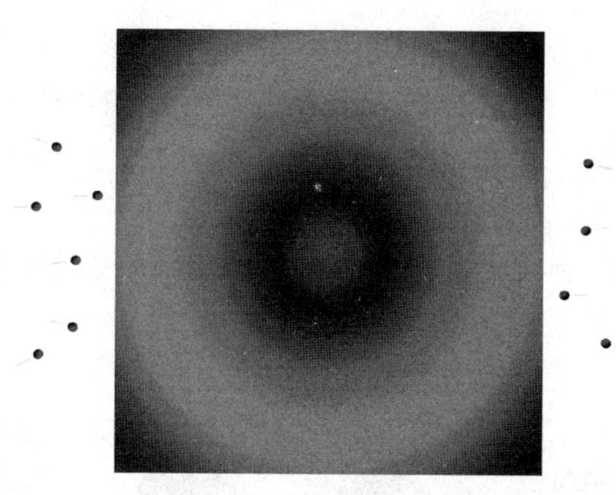

图 8.3　几个月后的功率分布……

如果你将图 8.3 和图 8.2 进行比较，你会发现中子泄漏显著增加了。你的中子通量仪现在会检测到更多的中子，而如果你找不到重新校准仪器的方法，你将高估你的反应堆的功率。你的反应堆的功率（在操作手册中）是有限定的，因此在实际运行中，这会促使你慢慢降低功率输出。这意味着你的核电站莫名其妙地减少了发电量！

这还只是问题之一，现在让我们来谈谈钚的问题。

钚-239 是一种比铀-235 更好的燃料。它在每次裂变中产生更多的能量，并倾向于提供更多的中子。“但是，我们并没有在反应堆里放任何的钚啊。我们装填的不是铀燃料吗？”你或许会这么说，是的，这是真的，但你的反应堆里有一个制造钚-239 的过程。

正如你在本书前面章节中所了解到的，大多数中子并不会继续引发下一次裂变——铀-235 每一次裂变产生的 2 到 3 个中子中，（平均）只有 1 个中子会继续引发下一次裂变。至于其他中子，有一些从反应堆中逸出，有一些被控制棒或溶解的硼所俘获，还有一些则由占你的燃料的 95% 的铀-238 俘获。一个铀-238 原子俘获了一个中子，就变成了铀-239。铀-239 并不稳定，经常通过 β 衰变（一个中子变为一个质子和一个电子）变成镎-239。镎-239 也不稳定，可以通过 β 衰变成为钚-239。因此，不容易经历裂变的铀-238 原子，实际上是一座运行着的反应堆中的钚-239 的来源。这一过程如图 8.4 所示。

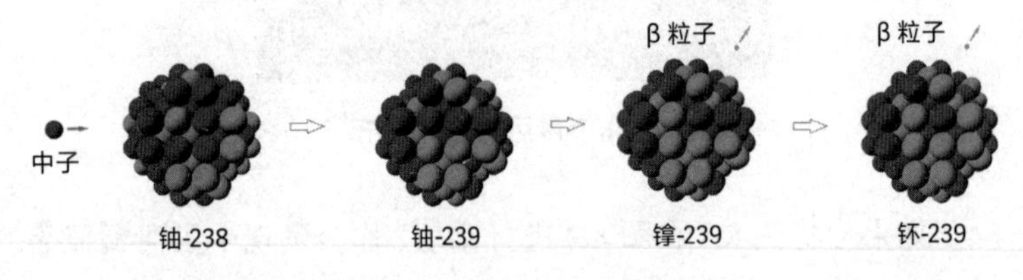

图 8.4　钚-239 的产生过程

所有以铀-235 和铀-238 混合物为燃料的反应堆都会制造钚，当然，这也符合它们最初的设计目的，因为钚-239 不需要浓缩就可以用来制造核武器。如果你有一个巨大且防护非常好的化工厂来干这个，就可以从铀中化学分离出钚来。

在一座压水堆中，新鲜燃料通常不含钚（尽管在某些核电站中，钚与铀混合，作为混合氧化物燃料使用）。然而，辐照燃料中会含有一些钚-239，而反应堆的一部分能量将来自这些钚。它既在反应堆中产生（来自铀-238），又像铀-235 一样由慢中子导致裂变。这两个过程之间会有一个平衡，但总的来说，堆芯中的钚-239 的数量会随着燃料消耗而增加——在两次换料之间，你运行反应堆的时间越长，它所容纳的钚-239 就越多，而你从这种你自己制造的燃料中获得的能量也就越多！

那么，为什么我要在测量反应堆功率的这一章讨论钚-239

的产生呢？因为，总的来说，钚-239裂变产生的快中子比铀-235裂变产生的中子行进的速度更快（有更高的能量）。物理学家称这种效应为“通量强化”。一个更快的中子带来的冲击“更强”，在减速之前，更快的中子在水中行进的距离也更远，因此更可能从反应堆中逃出。你现在可能明白问题所在了吧？你在反应堆中制造的钚（和相关的裂变）越多，中子泄漏量就越高。因此，就像反应堆功率的重新分布一样，这种通量强化会欺骗你的仪器，让仪器认为你的反应堆正在以比其实际更高的功率运行。

顺便说一句，如果你打算用产生的钚制造核武器，那么压水堆运行不了多久就要换料停堆。这是因为钚-239有时会在不引起裂变的情况下俘获一个中子，变成钚-240。这个过程可以一直进行到产生钚-241、钚-242等。燃料的消耗越多，这些更重的钚原子核出现得就越多。有人告诉我，这些原子核会使核武器的性能变得难以预测，而这就是为何来自商业压水堆的高燃耗辐照燃料很少用于武器项目中。

此外还有更多的内容，但以下这点需要认真思考一下。

当你第一次启动你的压水堆时，你的燃料是仅占总质量几个百分点的铀-235与大量铀-238的混合物。随着它的运行，它产生钚-239，但不足以补偿正在裂变的铀-235原子的数量。同时反应堆将产生放射性裂变产物，其中一些能够俘获中子。总的来说，反应堆运行得越久，其反应性将变得越低。这一变化是很显著的：在两次换料之间，反应堆反应性的下降约为20,000毫尼罗（20尼罗）——如果你不记得毫尼罗是什么了，请参见第3章。

现在，假设你是一个最近由裂变产生的中子，并成功地在慢化剂中减速，你找到了回到燃料中的路径。如果它是新鲜燃料，那么在你可能遇到的铀原子中，大约每 20 个中有 1 个是铀-235。而如果是辐照燃料，这个数字将会低上很多（即使考虑到钚-239 的积累），而且你还将苦于应付会俘获中子的裂变产物。总的来说，你引发下一次裂变的可能性更小了。

如果你想进一步研究它的话，物理学家称这个过程为“宏观裂变截面的下降”。结果是，为了获得相同的每秒裂变数量（相同的功率水平），你将需要更多的自由中子（更高的中子通量）。在你的压水堆中，你可以通过缓慢地降低一回路中溶解的硼的浓度，从而使得更多的中子减速来实现这一点。用反应性的术语来表达，即我们降低由硼所提供的负反应性。这意味着我们可以使反应堆在相同的功率水平上保持临界状态，即使我们正在消耗燃料。

不幸的是，随着更多的中子在反应堆中四下运动，那么也将有更多的中子逃出反应堆边缘。我们再一次遇到了会导致你的通量仪读数慢慢向上漂移的问题。

对于这一问题，值得停下来好好盘点一下。我们已经看到，测量中子通量——也就是从反应堆中泄漏出来的中子量——在短期内是一个很好的测量反应堆功率的方法，但它面临三个较长期的问题：

- 因燃料消耗而出现的功率重新分布。
- 由钚-239 导致的通量强化。
- 由于宏观裂变横截面下降而导致的通量上升。

也许我们需要找到另一种测量功率的方法？

8.2　氮-16

对于压水堆等水冷反应堆，还有一种替代的功率测量技术——可以利用氮-16。

这里有一个有点奇怪的物理现象：水的化学分子式是 H_2O，由于每秒有 20 吨水流过反应堆，我们可以确信有很多氧原子通过了堆芯。氧大部分是氧-16，其原子核由 8 个质子和 8 个中子组成。而如果一个氧-16 原子核被一个快中子击中，它有很小的概率会俘获这个中子并抛出一个质子——我说过这很奇怪。这会将这个氧-16 转变为含有 7 个质子和 9 个中子的氮-16。氮-16 相当不稳定，会在仅仅 7 秒的半衰期内通过 β 衰变又变回到氧-16。而当它这样衰变时，它以特定的能量发射 γ 射线。此过程如图 8.5 所示。

在这一点上，值得注意的是，氮-16 产生的 γ 射线是来自一座运行中的水冷反应堆——压水堆或沸水堆——的重大危险之一。在一回路的任何地方（包括沸水堆中的蒸汽系统），γ 射线都会从水中放射出来。如果反应堆正在运行，即使反应堆本身已经被严密屏蔽，你也不能站在回路管道旁边。不过还好，短暂的半衰期意味着，在关闭反应堆后仅仅几分钟内，所有的 γ 射线都将消失。

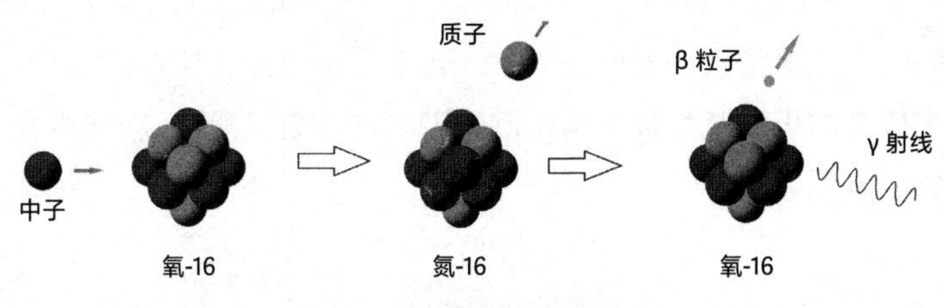

图 8.5　氮-16 的产生和衰变

氮-16很有用。你的压水堆（和许多其他压水堆一样）在热管上安装了 γ 射线探测器，用来探测氮-16产生的 γ 射线。反应堆的功率越大，产生的氮-16就越多，因为此时会有更多的快中子产生。能量在反应堆的哪个部分产生无关紧要，因为无论水是从反应堆的边缘还是中间流过，都是沿着热管流动。

但是（凡事总有一个“但是”），氮-16的产生受到通量强化和宏观裂变截面下降的影响。随着堆芯被消耗，只有增加中子的数量才能维持同样的功率，因此氧-16原子被中子击中的可能性也就更高。与之相似的是，中子越快，氧-16变成氮-16的反应就越有可能发生，而当我们增加堆芯中钚-239的量时，我们会得到更快的中子。因此，尽管氮-16产生的 γ 射线不受功率分布的影响，但随着燃料消耗，γ 射线探测器的读数会倾向于向上“漂移”，就像中子通量仪一样。

8.3 使用热量进行测量（一回路）

核物理的测量方法似乎让我们失望了，因此让我们尝试一些更基本的东西。让我们停下来看看图8.6中的压水堆。

我们让较冷（冷管水温）的水进入，较热（热管水温）的水流出。我们能够测量流经回路的流量，因此我们知道总流量。我们能够查出将水的温度升高一度需要多少热量（比热），因此，反应堆产生的总热量（其功率水平）可以简单地由以下公式计算得出：

$$功率 = (热管水温 - 冷管水温) \times 流速 \times 比热$$

这被称为“一回路量热法”——一回路，是因为它是针对一回路条件所进行的计算，而量热意味着这是一种“热量测量”。这是一种快速、简单的计算方式。但它实际是行不通的。

好吧，其实也并非完全是这样。这个公式确实成立，只是不是十分准确。查看公式中的各项。比热具有很好的精确度，因为已经做过成千上万次实验来测量水的这一属性。使用安装在回路上的简单仪器——它们可以使用诸如超声波之类的奇妙技术加以校准——对流速的测量也可以达到一个适当的精确度。

你可能会认为热管水温和冷管水温的测量将是其中最为精准的，因为有许多仪器可以用来进行精确的温度测量。在冷管处，有一台旋转得非常快的水泵将所有流经它的水彻底混合。无论你在冷管的任何地方放置一台温度测量设备，你都将获得代表流经该管道中的所有水的温度测量值。

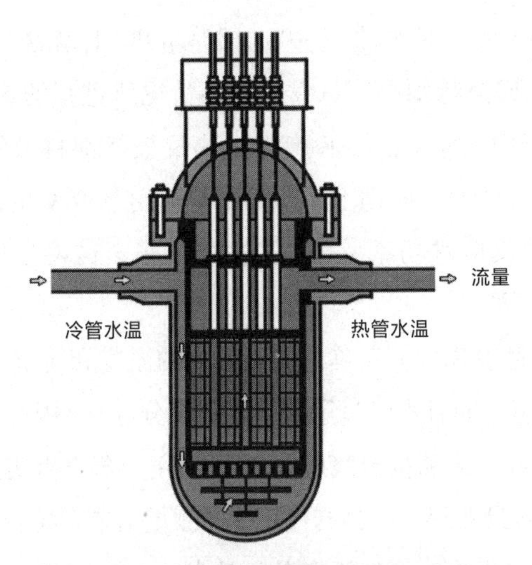

图 8.6　一回路量热法的原理示意图

问题在于：这种情况完全不适用于热管。水以一定范围内的不同温度从堆芯流出，这具体取决于它流经的核燃料组件的功率。当水流向热管时，其在堆芯上方只发生极小部分的混合。一旦进入热管，水就倾向于“分层”，较暖的水在管道的顶部，较冷的水在管道的底部，但这种情况并不稳定。不同水温层会打旋、缠绕并四处移动。到最后，你无法通过任何一个热管水温测量值来确定热管中真实的水温。

重要的是，由于冷管与热管之间的温差只有 30℃，如果你对温度的测量出现哪怕只有 1℃的误差，你都将导致高达 3% 的功率误差。尽管一回路量热法的结果是反应堆功率的粗略指标，但你不会想要用它来校准中子通量仪和 γ 射线探测器。

8.4 使用热量进行测量（二回路）

这里还有另一种方法——“二回路量热”计算法。换言之，一种基于二回路特别是蒸汽发生器的情况所进行的热量计算。在稳定运行中，所有在堆芯产生的热量最终都将被转移到蒸汽发生器中，因此，原则上，我们能够利用蒸汽发生器的情况来间接测量反应堆功率。图 8.7 就是一张蒸汽发生器的简单示意图。

让我们假设你能够正确地测量给水的温度和流量——给水管道比热管小，而且水经过了给水泵的充分混合，因此这是合理的。现在让我们来测量蒸汽压力，同样，由于蒸汽事实上不会分层，因此很容易获得一个具有代表性的测量结果。我们不需要知道蒸汽温度（T_{steam}）——蒸汽温度是由压力决定的（你将在第

10 章中看到这一点），如果我们假设所有流入蒸汽发生器的水都变成了蒸汽的话，那么我们也不需要知道蒸汽流速。

要进行实际的计算，我们不得不使用一种叫作“焓”的能量属性。焓是物理学家和化学家用来描述某物所含总热量的概念。这比仅使用温度要更为复杂一些，但同样，我们可以在相应的表中查出水和蒸汽的焓，因为它们也已经被成千上万次实验所测量过了。因此，二回路量热计算公式为：

蒸汽发生器功率 =（蒸汽的焓 − 给水的焓）× 给水流速

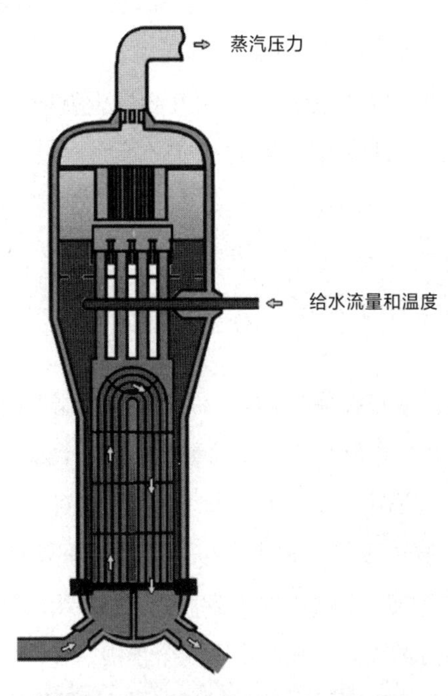

图 8.7　二回路量热法的原理示意图

我们可以将来自四个蒸汽发生器的功率相加，并进行一些简单的校正——例如减去反应堆冷却剂泵给一回路添加的热量。然后，假设反应堆以稳定功率运行，那么，从蒸汽发生器算得的总功率将等于反应堆产生的功率。也许令人惊讶的是，这种二回路量热计算——由一台计算机对平均几分钟内所采集的数据进行连续运算——被证明是测量反应堆功率最精确的方法，总精确度约为 ±1%。你现在可以根据二回路量热计算表来操作你的反应堆，并且可以直接驱使反应堆达到你的操作手册中的功率极限的状态（基于这种计算的相应的精确度）。

如果是出于保护的目的，那么二回路量热计算就太慢了，但我们有中子通量仪和 γ 射线探测器来干这个。如果每过一天左右就使用二回路量热法的结果来检查和调整中子通量仪和 γ 射线探测器，我们就能够让它们精准地运作，这样中子通量仪和 γ 射线探测器能够在发生故障的仅仅几秒钟内就通知保护系统自动关停反应堆，而且你可以相信，它们不会过早或过晚这么做。

8.5 什么没法用于测量

作为一名反应堆操作员，如果你正在与其他人讨论反应堆功率的测量，那么你可能会想到一个问题："为什么不直接使用涡轮发电机的电力输出来测量反应堆功率呢？"对此的答案是，这在很大程度上取决于二回路中发生的事情。只要有一个阀门不起作用（泄漏）或一个给水加热器水位控制器出现故障，你就会发现电力输出将偏差几兆瓦。出于这个理由，将其作为反应堆功率的测量手段是非常不可靠的。反过来说，如果你用二回路量热法计算得很准确，你可以发现总体效率上的细微变化，而这些都在提示你涡轮机出现了上述问题。

8.6　回到裂变上来

既然我们有信心测量你的反应堆的功率，那么就能够回答这个问题了：以全功率运行一座反应堆需要多少次铀-235 裂变？在本书开始时，我给了你一个数字，现在我可以告诉你它是怎么得出来的。

根据核物理学家的说法，每一次铀-235 裂变释放大约 200 兆电子伏（MeV）的能量。这个数字包括你从放射性裂变产物的衰变中获得的能量——这部分约占你的反应堆总热量的 6.5%。如果你未曾研究过物理学或化学，你之前可能没有见过兆电子伏这个单位，它是一个用于在原子尺度上测量能量的标准单位。200 兆电子伏等于 32/1,000,000,000,000 焦耳（即 3.2×10^{-11} 焦），这听起来并不多，但与你从化学反应中获得的那种能量相比，就令人咂舌了。

你的压水堆以 3,500 兆瓦的全功率运行，因此我们要做的就是用总功率除以每次裂变的能量，从而将得到：

$$\frac{3{,}500{,}000{,}000\ \text{瓦}}{3.2 \times 10^{-11}\ \text{焦}} \approx 1.1 \times 10^{20}\ \text{次裂变（每秒）}$$

那就是说，每秒有将近 110,000,000,000,000,000,000 次裂变。也许在一个由大约 200 个燃料元件组成的压水堆中，堆芯里有 50,000 个燃料棒，每个燃料棒包含 400 个燃料芯块。那么你的反应堆中就有 20,000,000 个燃料芯块。在全功率运行时,(平均而言)每个芯块内每秒将发生约 5,000,000,000,000 次裂变。这就是能量的真正来源,无论你选择什么方式来测量它。

第 9 章

你的反应堆是稳定的（第一部分）

本章内容主要关于“反应堆的稳定性”，这是我在本书开头提到的三个关键概念中的第二个。

让我简单地做个结论：你的压水堆是稳定的。

我这么说是什么意思呢？我的意思是，举个例子，如果反应堆功率升高一点点，反应堆温度将随之升高。如果反应堆温度升高了，其对反应性的影响将倾向于驱使反应堆功率退回到它开始时的水平。如果反应堆功率下降，也会发生类似的情形。你可以把这想象为驾驶一辆方向盘上装有弹簧的汽车，汽车将始终试图以直线行驶，哪怕你触动了一下方向盘。

在多数时候，这种稳定性使得驱动一座反应堆更加容易。除非你刻意更改其运行条件，它将倾向于使你的反应堆保持在一个恒定功率上运行。只是偶尔地，你需要与这种内在稳定性做斗争，以使你的反应堆按你的想法运行。还是以汽车类比，这就像是：如果你想转弯，你会怎么做？

在本章中，我将介绍确保你的反应堆在其日常运行和其他情况下保持稳定的两个物理因素。我还将揭示保持你的反应堆的稳定性的第三个因素——它存在于压水堆中，在其他的一些反应堆设计中并不存在（而这是造成1986年切尔诺贝利事故的部分原因）。

9.1 燃料温度

当我们讨论链式裂变反应时，你可能还记得，许多中子由于被铀-238原子俘获而损失了。铀-238占燃料总量的95%，因此，一个链式反应居然可以发生，多少有点令人惊讶。对此的解释是，只有在中子以特定的速度或能量抵达时，铀-238的核才有很好的机会俘获它们。如图9.1所示——你可以看到，随着中子能量从右到左下降（中子被“慢化”了），它们被铀-238俘获的可能性呈现出总体的上升。不过，在特定的能量状态下，有一个更加戏剧性的效应：在这些能量状态下，铀-238事实上非常可能俘获中子。我们称这些能量状态为“共振俘获峰”，如果中子在慢化过程中重新进入燃料，这些能量状态能够从链式反应中偷走中子。

图9.1中的峰看起来很引人瞩目，但是，当你意识到这张图中的坐标轴上的每个刻度代表着俘获可能性增加了10倍时（这就是数学家所称的“双对数”图），它们甚至更加令人印象深刻。

现在引入一些更晦涩的物理学知识。原子不会静止不动。它们时刻在振动，而且它们的温度越高，振动的幅度越大。如果一个原子正在振动，那么其原子核必然处于运动中。因此，如果一个中子正在以一个略微偏离这些共振峰之一的速度（能量）朝它运动，那么，该原子核的运动与中子的入射速度加在一起，结果有可能正好符合这个峰值。这将大大增加中子被俘获的概率。

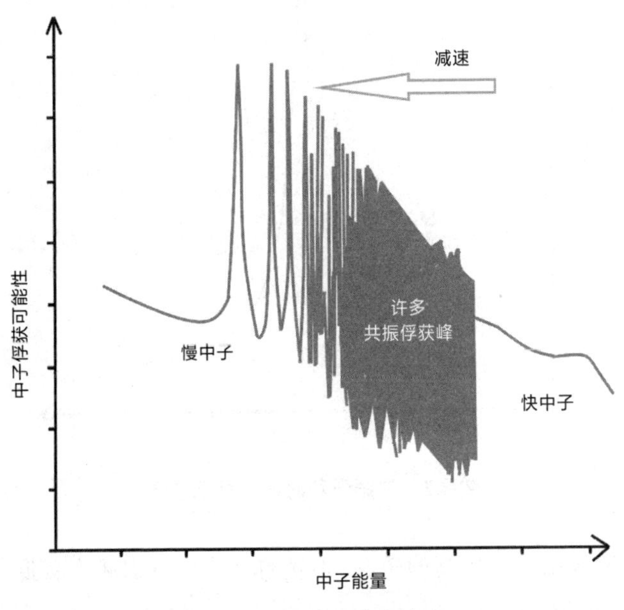

图 9.1　共振俘获峰示意图

随着大量铀-238 原子的振动和大量中子以各种不同速度进入燃料，如图 9.1 所示的共振俘获峰中的每一个都将随着燃料芯块温度的增加而变得更宽。换言之，燃料芯块越热，损失的中子就越多。这一效应（对单个共振俘获峰而言）如图 9.2 所示，严格来说，峰也变矮了，但是有如此之多的铀-238 原子在燃料中，这并不会有明显的影响。

你可能有时候会听说这叫作“多普勒加宽”效应，这是因为，它是由铀-238 原子核与入射中子的“相对速度”引发的，这与多普勒效应改变行驶中的车辆所发出的声音——朝向你行驶

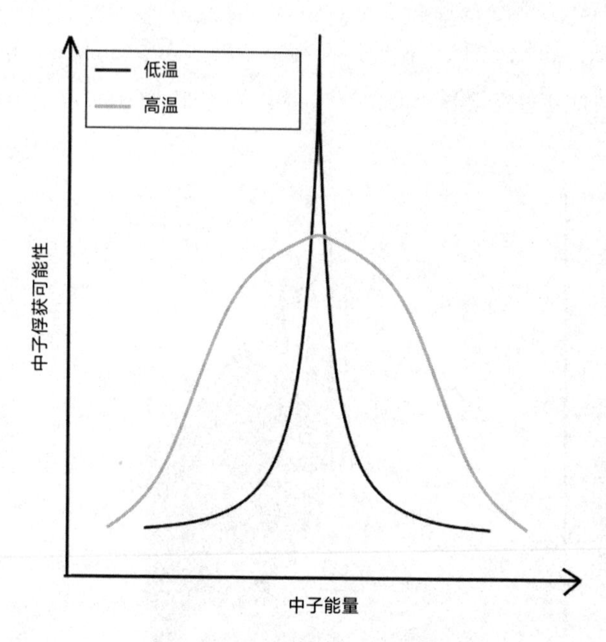

图 9.2 共振俘获峰值展宽示意图

的车辆发出频率更高的声音，驶离你的车辆发出频率较低的声音——是很类似的。

如果你考虑这种效应对链式裂变反应产生的影响，你会发现，随温度升高，它降低了反应堆的反应性。燃料越热，影响越负面。在一座压水堆中的典型条件下，燃料温度每升高 1℃，反应性约降低 4 毫尼罗。反应堆物理学家称其为“燃料温度系数”（Fuel Temperature Coefficient，FTC）。

这听起来并不像是一个显著的效应，但这是因为我们实际上还没有考虑燃料温度。如果你还记得第 6 章曾提到，流经反应堆的水的温度从底部的大约 290℃升高到顶部的大约 325℃，那么，燃料的温度是多少？要知道，燃料是浸没在水中的，因此燃料包壳的温度不会比水温高上很多。但是，热量不是在包壳中产生的，它是在燃料芯块中由裂变所产生的。所以燃料芯块的温度一定会高于包壳，以驱使热量向外传递（形成物理学家所说的“温度梯度”，热量可以顺着这个梯度向下传递）。

燃料芯块由氧化铀制成，那是一种导热性很差的陶瓷材料。这意味着每一个燃料芯块的中心都有一个非常高的温度，并在向外散发热量——换言之，每一个燃料芯块内部都有一个非常陡峭的温度梯度。在全功率下，反应堆中燃料芯块的中心的温度超过了 1,200℃，而你在意的可能是燃料芯块的平均温度，它大概也高于 600℃。如图 9.3 所示，其中的曲线表示在虚线所示位置所测得的贯穿整个燃料棒的温度。

因此，如果反应堆功率水平从刚进入临界状态上升到 100% 的全功率，尽管热管温度仅仅上升了大约 30℃，燃料芯块中的平均温度却可能升高了 300℃。燃料温度系数对反应性的总体负面影响会非常显著，而且随着你提高功率，你将不得不对此做出补

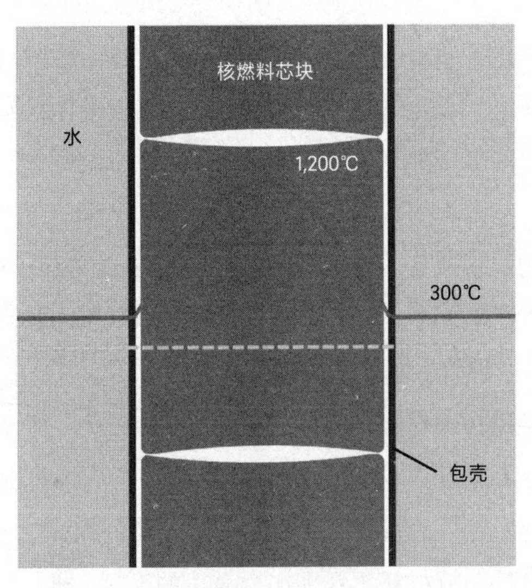

图 9.3　压水堆燃料棒内部的温度梯度

偿，要么抽出控制棒，要么降低一回路中的硼浓度。

这听起来有点麻烦，但对于安全性来说却是大好事。如果出现任何不容乐观的情况，燃料温度开始升高，堆芯的整体反应性将迅速负向发展，反应堆功率也将迅速下降。这不就是你想要的效果吗？

9.2　慢化剂温度

流过你的反应堆的水起到两个作用。它带走了堆芯的热量——所以你可以用它做一些有用的事情——并且它充当了“慢化剂”，快中子可以在其中四下反弹、减速、变成热中子。没有这些水，你就无法运行一座反应堆。

与大多数化学物质一样，水在变热时会膨胀。这里的物理原理有点复杂，因为水在仅仅 4℃时就达到了其最高密度，并且固态水（冰）的密度小于液态水，但在 300℃时，这些对我们来说都不重要了。因此，我们可以认为，你的反应堆中的水在变得更热时密度会降低。那么，这对反应性有什么影响呢？

这里有一个大多数的压水堆都有的巧妙设计。

在你的反应堆中，燃料棒被设计得过于紧密地排列在一起。是的，事实确实如此。如果你想要一个中子利用率和反应性更高的反应堆，你只需将燃料棒彼此分开一点即可。

燃料棒比在理想的反应堆中更近地凑在一起，中子总的来说不会像理想状态下那样充分减速。物理学家会将你的反应堆形容为“慢化不足”。如果你回想一下第 6 章的内容，你可能还记得我描述过控制棒材料（银铟镉合金）的作用，即它们能够俘获一个广泛速度（能量）范围内的中子。现在你能够明白这为什么很重要了。反应堆慢化不足的结果之一，就是你将有更多未被完全减速的四下移动的中子。

故意将压水堆设计为慢化不足的理由很充分，那就是提高稳定性。当反应堆运行时，想象一下如果功率上升会发生什么。更多的热量将被转移到水中，水会变得更热，而且会膨胀。如果水膨胀了，燃料棒之间的水分子将会更少，水慢化中子的效率将会因此下降。从一个慢化不足的状态开始加热，总是会让反应堆变得甚至更加慢化不足。结果是，如图 9.4 所示，水温的上升将降低反应堆的反应性。（请注意，在这个示意图中，燃料棒之间的距离被夸张地放大了。）

这会带来很大的影响。在纯水中，慢化剂温度系数（Moderator Temperature Coefficient，MTC）可能高达 –60 毫尼罗每摄氏度。如果反应堆被设计得更接近“理想型”，燃料棒之间距离更大，那么你就无法保证在所有情况下都会产生这种效果。

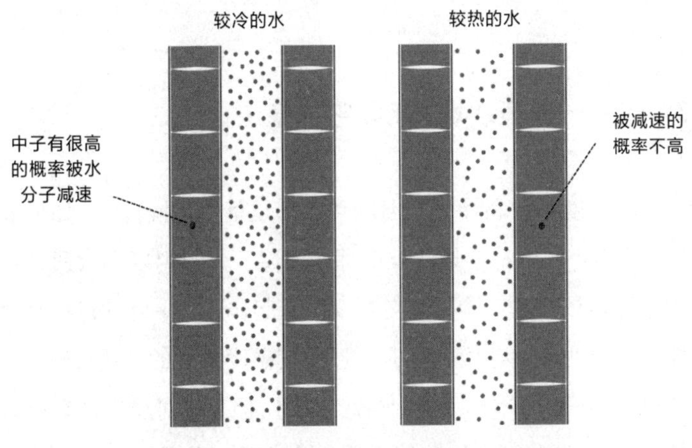

图 9.4　慢化剂温度系数作用原理示意图

我承认，慢化剂温度系数也涉及一个很复杂的问题。我给出的数值是纯水的慢化剂温度系数，但反应堆冷却剂是含硼的水溶液。硼被添加到水中以俘获中子，并被用来控制反应堆的反应性，其作用有点像是控制棒。在图 9.4 中你可以看到，当水变热时，其密度降低。但是，和燃料元件细棒之间的水分子变得更少一样，硼原子也会减少。减少了硼，就是移除了可以俘获中子的东西。这对反应性的影响正好与减少起慢化作用的水分子相反，因此会使得慢化剂温度系数的负面影响变小。

在一个运行周期的开始，反应堆中有很多新鲜燃料，因此需要大量的硼。随着燃料被消耗，堆芯活性变得更小，硼的溶解量应被降低，以便对此加以补偿。这会在下一章得到详细介绍。在此你需要知道的是，在一个周期开始时，硼含量通常很高，这令慢化剂温度系数几乎为零。而在周期末尾，硼的含量较低时，慢化剂温度系数的负值变得非常大。慢化剂温度系数随运行周期而变化，逐渐地变成更大的负值。因此，要计算慢化剂温度系数的影响，你需要知道目前是反应堆运行周期中的哪个阶段。

9.3　这是一座压水堆，所以它很稳定

燃料温度系数和慢化剂温度系数都是负值。换言之，如果堆芯温度升高，两者都会导致反应性的下降。燃料温度系数通常是两者中影响较小的一个，但它可以快速起作用，并会对燃料温度的任何快速变化迅速做出响应。慢化剂温度系数的作用较慢，因为热量从燃料内部传递到水中需要时间，但是它对反应性有更显著的影响。（我知道，从数值上看，慢化剂温度系数对反应性的

影响看上去显然要比燃料温度系数大许多，但请记住，燃料平均温度的变化幅度要远远高于水温的变化幅度。）

如果反应性随温度升高而降低，那么功率将会下降。这将带来降低温度的效果，反过来又驱使反应性归零。如果温度下降，反应性和功率都将增加，温度也将回到其最初时较温暖的值，这也会驱使反应性归零。

这是一个有着“负反馈”作用的系统，它是自我稳定的。你的压水堆能够在不移动控制棒的情况下，以稳定功率连续运行多日，只靠这些温度效应就能保持稳定。

在这一点上，我可能还应该指出，有相当数量的反应堆是基于正的慢化剂温度系数建造的，包括英国大多数其他反应堆，也就是由石墨慢化的改进气冷反应堆（参见第22章）。如果慢化剂需要很长时间来加热或冷却，而且冷却剂本身几乎没有什么慢化作用，那么这样的反应堆是很容易操纵的。以这种方式建造的反应堆会在短期内趋于稳定（因其燃料温度系数降低反应性的作用），但长期来看则趋于不稳定（因其慢化剂温度系数提高反应性的作用），这给控制系统和操作员的干预留出了时间。

9.4　另一个系数

反应堆物理学家喜欢各种系数，关于反应堆的系数还有很多。对于其中大多数的系数，我们都用不着操心，因为它们并不会真正影响你如何操作反应堆。只有一个系数，我将要解释一下，因为这个系数在切尔诺贝利核电站事故中扮演了重要的角色。

我们知道，随着水温的升高，水的密度会降低，最极端的例子就是水的“沸腾”。如果水变成水蒸气，其密度下降至原来的千分之一。与水相比，水蒸气是无用的慢化剂，不能用来俘获中子。因此，如果堆芯中的水开始沸腾，你可以预期，这会对反应性产生显著的影响。

随着水的沸腾，一座压水堆的堆芯会发生多少变化，对此的量度被称为“空隙系数”。它的单位与慢化剂温度系数和燃料温度系数略有不同，你将经常看到它被记为“毫尼罗每百分比”，其中“百分比”量度的是有多少水变成了蒸汽（空隙）。在压水堆中，空隙系数对反应性有非常强的负面影响，通常超过了 -100 毫尼罗每百分比。让我们换一种说法：如果你的压水堆的反应堆中在运行时出现了显著的沸腾，反应堆的功率就会像从高处掉落的砖头一样快速下降。我觉得这样很让人安心。

顺便说一句，这种效应是如此之强，以至它可以很有针对性地用于控制沸水堆的功率水平。你将在第 22 章见到相关内容。相比之下，改进气冷反应堆使用二氧化碳气体作为冷却剂。由于二氧化碳已经是气体，对于中子慢化或俘获几乎没有影响，因此改进气冷反应堆不具有空隙系数。

9.5　1986 年 4 月 26 日，切尔诺贝利核电站 4 号反应堆

以下对切尔诺贝利核电站事故的简短描述中的某些细节只是“合理的猜测”。基于后来的建模和来自其他类似反应堆（俄语首字母缩写为 RBMK，意为大功率管式反应堆，其本质上是一种石墨慢化沸水反应堆）的操作经验，已经有很多关于切尔诺贝利核电站的著作、纪录片和改编剧本——每部作品都有不同的

观点，且有时在细节上也存在分歧。因此，我不会试图在这里重述切尔诺贝利核电站的整个故事，但我将要指出它与本章所讲述的物理现象的联系。具体地说，切尔诺贝利核电站反应堆的正空隙系数是造成这场事故的最重要的单一因素。

是的，你没有看错。如果切尔诺贝利核电站反应堆在低功率下运行，在控制棒大多已抽出的时候，它可能具有一个非常高的正空隙系数。

为什么呢？

正如你将在第 22 章中看到的那样，切尔诺贝利核电站反应堆采用沸水冷却剂和石墨慢化剂，燃料和冷却水与置于压力管内的石墨分开。这（在理论上）意味着，去除所有冷却水后，反应堆仍有可能运行（如果没有冷却的话）。除去水意味着失去了俘获大量中子的能力的同时，又不会影响石墨慢化剂。

所以……如果在低功率下，一个压力管式石墨慢化沸水反应堆容纳了大量略微低于沸点的水，功率和温度的小幅增加都会增大水的沸腾程度。这将降低俘获中子的能力，给反应堆带来正反应性，进而导致功率和温度升高，并带来更强烈的沸腾。这是一种正反馈机制——正的空隙系数。

事故发生的当天早上，切尔诺贝利核电站 4 号反应堆进行的测试恰好导致了这种情况的发生。在测试之前，功率已降低至沸腾事实上已经停止的程度。通过减少冷却剂中的蒸汽气泡（空隙）而产生的负反应性让反应堆实际上“熄火”了。为了对此进行补偿，并试图将反应堆功率重新提高到计划中的测试可以进行的水平，操作员抽出了比通常所允许的要多得多的控制棒。

计划中的测试包括关停与反应堆相连的涡轮机，并在涡轮机降速的同时利用其惯性为驱使冷却剂循环通过堆芯的水泵提供动力。不幸的是，当该测试在如此低的功率启动时，冷却水流量的减少（与正常运行相比）导致了堆芯中的沸腾程度立即增大。由于非常大的正空隙系数，反应堆的功率非常快速地提高。操作员试图插回控制棒以抵消功率上升，但这可能只是让情况变得更糟了，因为压力管式石墨慢化沸水反应堆的控制棒移动得非常缓慢，并且还有“石墨尾端”附着在其下方。从当前抽出的位置插回控制棒，等于将石墨尾端推入堆芯的核心位置，实际上增加了可用于反应的慢化剂的量。

反应堆功率的迅速提高导致了燃料元件细棒破裂，炽热的氧化铀进入冷却水中，这导致了更剧烈的沸腾。反应性的增加是如此之大，以至于反应堆轻松地达到并超过了其“瞬发临界”（参见第 4 章）。据估计，当时反应堆功率达到了 30,000 兆瓦，这是其设计的全功率水平的 10 倍。

如此之多的蒸汽如此迅速地产生，重达 1,000 吨的反应堆建筑物的盖板被掀开了。“蒸汽爆炸”之后不久又发生了第二次爆炸，后者可能是热燃料与蒸汽之间化学反应所产生的氢气着火引起的。暴露的热石墨和核燃料随后着火，将大量放射性裂变产物散播到环境中——这次放射性污染的遗留危害，需要许多年才能完全消除。

9.6 记住，你面对的是一座压水堆

这样的事故不可能发生在你的压水堆中。由于具有非常强的负空隙系数，你的压水堆具有内在的稳定性。在你的压水堆中，任何剧烈沸腾都会迅速降低反应堆功率，而不是增大其功率。

第 10 章

你必须利用所有这些蒸汽

我将解释什么是“二回路”并告诉你该如何使用它，利用从一回路吸收的热量，做一些有用的事情。本章包含不少工程学知识。你需要了解所有蒸汽的去向。而且稍后你将看到，这对反应堆有令人惊讶的巨大影响。本书彩色插图 1.4 通过展示从蒸汽发生器经过“涡轮机”和“给水泵”，然后再回到蒸汽发生器的路径，形象地介绍了二回路。

10.1 蒸汽发生器：从另一侧看……

让我们从蒸汽发生器的另一侧开始。在你了解一回路时，你的注意力集中在一回路水流经的蒸汽发生器管上。你应该还记得，在二回路，水从这些管子上流过，沸腾并产生蒸汽。能做到这一点，是因为二回路的压力低于一回路水的压力。在全功率下，蒸汽发生器的二回路一侧的水和蒸汽处在约为 69 巴的压力下，蒸汽温度为 285℃，比一回路的最低水温（冷管水温）低约 7℃，正是这一温差推动热量沿管子传递。蒸汽发生器的布局如本书彩色插图 2.7 所示。

蒸汽发生器的二回路一侧容纳的是水和蒸汽。在管道的底部（“管板”），大部分是水，当这些水到达蒸汽发生器管顶部之外时，就变成大约 25% 为蒸汽、75% 为水的混合物。这只是因为，水和蒸汽可以同时存在于你在第 2 章看到的饱和曲线条件下。当我们再次考察反应堆的稳定性时，将再回到这个问题上来，因为这与你的压水堆的表现有着令人吃惊的相关性。

这里有一个常见错误，即认为蒸汽发生器管的外面有泵在输送水。事实上并非如此。水在蒸汽发生器的二回路一侧只是自然对流。管束间的水的温度更高且水的密度更低（特别是当它含有蒸汽气泡时），它相对于外侧较冷并向下流动的水流向上流动。为了使这种循环更加有效，管束被分隔向上（较暖）的水流与向下（较冷）的水流的“封套”所包围。

75% 为水、25% 为蒸汽的混合物不是涡轮机所需要的（我们只想要蒸汽）。因此你的蒸汽发生器要做的下一项工作是分离并干燥蒸汽。在某些核电站中，这可以通过增加热量来完成，但是在你的蒸汽发生器中，该过程是通过如本书彩色插图 2.7 所示的机械方式完成的。首先，汽、水混合物会通过“旋转叶片分离器”——它们看上去像是安装在垂直管道内的螺旋桨叶片。当蒸汽与水通过管道时，叶片会使其旋转。蒸汽中的水滴将自然地朝着管道的侧面旋出，然后沿管道流下，汇入流经封套外部的较冷的水中。

与此同时，如今变得较干燥的蒸汽将继续向上进入 V 形板干燥器。在这里，借助干燥器的 Z 形曲折特性，蒸汽被迫反复改变方向。任何残留的水滴都将在 Z 形曲折的干燥器中被捕获，而更干燥的蒸汽则可通过那里。

这听上去并不像是一个非常有效的过程，但实际上效率很高。输入含有 75% 的水的混合物，最终离开 V 形板干燥器的蒸汽中只含有少于 0.5% 的水。从另一角度来看，平均而言，任何“一点”水在变成蒸汽前都会在蒸汽发生器内经过大约四次循环。

从蒸汽发生器带走大量蒸汽，可能会使蒸汽发生器很快变干，因此你需要不断地用给水加满它们。在低功率情况下，可直接用来自储水箱中的冷水，并通过“辅助给水泵”输送到蒸汽发生器。相反，在全功率情况下，给水将被预热，并由“主给水泵”（稍后会详细介绍）输送。需要多少给水呢？在全功率的情况下，每个蒸汽发生器每秒将大约半吨的水煮沸为蒸汽。因此，只是为了保持水位稳定，你的给水系统就必须能够以大约每秒 2 吨的总量加满四个蒸汽发生器。

给水通过 J 形喷嘴（J 喷嘴）从封套的上方泵入，以使其均匀分布——但请记住，与蒸汽发生器内部已经发生的自然循环水流量相比，这一给水流量是很小的。可能还有一点值得注意，那就是要测量蒸汽发生器管子周围的蒸汽和水的混合物的水位并不容易，因此不要尝试这么做。相反，当我们谈论蒸汽发生器的水位时，我们将在封套外部和上方的（较冷的）水中测量它。我在彩色插图 2.7 中的蒸汽发生器上标记了正常水位。这样你就能理解我说的意思了。

10.2 主蒸汽管道

现在你已经了解蒸汽发生器是如何产生蒸汽的，你会想要知道它流向何方。蒸汽通过蒸汽发生器顶部的出口离开，然后沿着“主蒸汽管道”行进——在全功率下，蒸汽将以超过 96 千米 / 时的速度移动。主蒸汽管道通过反应堆建筑物墙内精心设计建造的穿口离开该建筑物。我说精心，是因为这些蒸汽管道处于约 285℃的温度下，主蒸汽管道被设计为不能直接与建筑物的墙壁接触，否则将会损坏混凝土。图 10.1 是主蒸汽管道的示意图。

在蒸汽机时代早期，由于容纳蒸汽的锅炉达到过高的压力会发生爆炸，因此发生过一些相当恶劣的事件。这些爆炸释放出大量的蒸汽，更严重的是，爆炸往往会将锅炉的碎片以极快的速度四处抛撒，经常会出人命。这些事件使“安全阀”得到普遍使用，如果锅炉压力过高，安全阀会自动打开以释放蒸汽。你的压水堆也以相同的方式受到保护。在一回路中，几种不同的安全泄压阀被安装在稳压器顶部的喷嘴上。

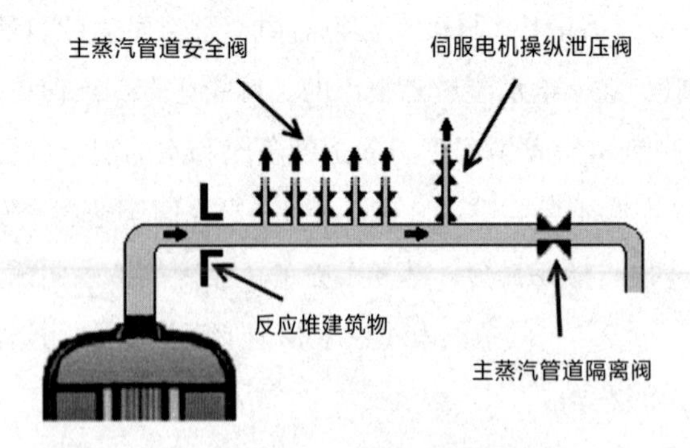

图 10.1 主蒸汽管道

在二回路中，主蒸汽管道安全阀（Main Steam Safety Valve，MSSV）被安装在反应堆建筑物外部的每一条主蒸汽管道上。虽然在蒸汽发生器和这些主蒸汽管道安全阀之间的主蒸汽管道上没有阀门可以闭合，但这些安全阀足以防止蒸汽发生器的二回路一侧的压力过大。由于位于反应堆建筑物之外，主蒸汽管道安全阀可以通过排气管将蒸汽直接排放到大气中。

你的压水堆主蒸汽管道上有两种不同的安全阀。每一条主蒸汽管道上有大约六个主蒸汽管道安全阀，并且有一个伺服电机操纵泄压阀（Power Operated Relief Valve，PORV）。每个主蒸汽管道安全阀通过一个大型弹簧保持关闭状态，只有在蒸汽压力高到足以克服弹簧弹力时才会被打开。这些阀门每个重约1/3吨，因此这些弹簧真的很大。通常而言，虽然每个阀门弹簧的弹力设定都略有差别，但是除非蒸汽压力上升到80巴以上，否则主蒸汽管道安全阀是不会打开的。为什么这么复杂？那是因为这样可确保在任何超压事件中，只有最少数量的主蒸汽管道安全阀会被打开，从而降低了某一个安全阀届时一直打开的风险。而且，由于是多个较小的阀门而不是一个较大的阀门，因一个阀门一直打开而带来的冷却效应将被降低。

伺服电机操纵泄压阀与主蒸汽管道安全阀有所不同。每个主蒸汽管道上只有一个伺服电机操纵泄压阀，而且它不是靠弹簧打开，在不同压力状况下它都可以由操作员打开。打开伺服电机操纵泄压阀所需的压力，通常被设定为低于主蒸汽管道安全阀的最小设定压力。在之后我们谈论蒸汽排放和冷却一回路时，你将会明白为什么伺服电机操纵泄压阀是必不可少的。

在主蒸汽管道这一部分，我想介绍的最后一点是主蒸汽管道隔离阀（Main Steam Isolating Valve，MSIV）。如果你仔细想想，你就会意识到，关闭全部四个主蒸汽管道隔离阀将使每个蒸汽发生器彼此隔离。这就是每个主蒸汽管道必须拥有自己的主蒸汽管道安全阀和伺服电机操纵泄压阀的原因。如果你乐意，主蒸汽管道隔离阀可以作为每条线路的“涉核”部分的终点。在此之后，核电站的蒸汽管道实际上与你在非核发电站所见的传统蒸汽管道是一样的。

10.3 蒸汽涡轮机

这不是一本有关涡轮机的书。如果你想更详细地研究这一主题，有很多资料可供你参考。[例如，搜索蒸汽船“透平尼亚”号（*Turbinia*），你会大有所获。（“透平尼亚”号是第一艘由涡轮机驱动的蒸汽船，建成于1894年。——译者注）]至于我嘛，将向你简单概述你的涡轮机将如何为你工作。

你的压水堆有一套单独的大型涡轮发电机组。涡轮机是蒸汽要驱动的目标，其附属的发电机产生电能。较小的涡轮机（比如说，它们的发电量不到700兆瓦）将与电网同步并以相同的速度旋转。换言之，如果像在英国那样，你的电网使用50赫兹（50转/秒）的交流电，那么涡轮发电机将每秒旋转50次，或者说每分钟旋转3,000次。相当令人印象深刻的是，涡轮机旋转的部分超过了300吨，而且其叶片（见下文）以两倍于音速的速度旋转。甚至更加令人印象深刻的是，这些涡轮机组一次可以不停歇地转动好几年。蒸汽涡轮机距今已有130多年的历史了，只要保养得当，它们是非常可靠的机器。

涡轮机能被造得多大？这受到很多技术上的限制。制造一台每分钟转数为 3,000 的 1,200 兆瓦的涡轮机需要巨大花费。作用在这种涡轮机叶片上的力道要比作用于 600 ~ 700 兆瓦的涡轮机之上的高得多，因此其工程设计要保证更加坚固耐用。不过，英国的大型涡轮机——包括你压水堆里的涡轮机——通常以电网频率的一半旋转，即 25 赫兹或 1,500 转 / 分。这种发电机的线圈绕组方式与其他的不同，其磁极数是 3,000 转 / 分的机器的两倍，因此结果是这种发电机仍然以 50 赫兹的频率发电。

通常，当人们说起涡轮机时，总会说它像是一根轴上的一排排螺旋桨叶片。如果你让蒸汽从一端进入，它将依次推动每一排螺旋桨，从而让轴旋转。早期蒸汽涡轮机的发明者意识到，事情并非如此简单……第一排叶片导致蒸汽与叶片一起旋转，因此第二排叶片几乎不会受到任何推动。为了从每一排叶片上都获得有用的动力，你需要在一排排转动的叶片之间“拉直”蒸汽流。通过在安装于主轴上的转动叶片之间，引入一种安装在外壳上且不会旋转的“固定”叶片，我们做到了这一点。

接下来，你必须记住，蒸汽一旦将其能量传递到旋转的轴上，其温度和压力便会下降。随着压力下降，蒸汽将会膨胀。这意味着涡轮机的外壳需要做成圆锥形，每一排叶片依次比前排更大，以便利用膨胀的蒸汽。

本书彩色插图 2.8 显示了根据上述想法建造的简化的蒸汽涡轮机剖视图。你可以看到主轴、活动叶片和固定叶片——在该图中，活动叶片和固定叶片分别有两组。

你可能已经意识到，在主轴周围需要某种密封装置，否则蒸汽将逸出，那就无法推动叶片。在本书彩色插图 2.8 中，与大多数大型涡轮机一样，密封是由向之输送蒸汽的“密封压盖”所提供的——蒸汽流入，蒸汽流出，在此过程中对涡轮机组进行了密封（有点像是密封反应堆冷却剂泵的主轴时注入的水流）。

最后，值得注意的是，在蒸汽推动叶片使主轴旋转时，它也纵向推动主轴。你可以建造一台如本书彩色插图 2.8 所示的涡轮机，但你需要在叶片后方安装一个坚固的止推轴承来承受这种纵向推力。与之不同的是，强力蒸汽涡轮机更典型的设计是使用两组彼此相对安装的叶片。这与本书彩色插图 2.8 所示的涡轮机不同，蒸汽将由中间进入并在两个方向上膨胀（推动），从而平衡其纵向推力。这是“高压涡轮机”真正的建造方式。

10.4 高压涡轮机

蒸汽沿着主蒸汽管道行进，然后通过一组阀门（称为“截止”阀和“调节”阀），在此之后，它便抵达高压涡轮机的叶片。

图 10.2 高压涡轮机叶片

调节阀被设计用于节流通过的蒸汽量；截止阀则是种快速关闭阀门，仅在你想要将涡轮机与进入的蒸汽隔离时使用，例如当你关闭涡轮机时。

图 10.2 所示是一套在检修时从典型的（600 兆瓦）涡轮机上吊起的高压涡轮机活动叶片组。你可以通过对比图片左侧的扶手，对其尺寸有一个概念。你的高压涡轮机的叶片组比这个更大，但形状非常相似。

请记住，蒸汽从中间进入高压涡轮机，并在两个方向上膨胀（推动），使主轴旋转，从而平衡推力。

10.5　再利用蒸汽

在通过高压涡轮机后，蒸汽将变得更冷、更低压并混有更多的水。从理论上讲，你可以将这些蒸汽直接输送到另一个（大得多的）蒸汽涡轮机中……但它无法持久运行。蒸汽中夹杂的所有水滴撞击在 1,500 转 / 分的叶片上，将对其造成很大的损伤。这时我们真正需要的是将用过的蒸汽加热一点，使其变得干燥。将蒸汽送回蒸汽发生器重新加热将涉及一系列复杂的管道工程，因此你的压水堆采用了一条更加简易的路线。

少量来自主蒸汽管道的蒸汽（称为“实时蒸汽”）被转移，用于加热盘管，后者被用于重新加热从高压涡轮机排出的蒸汽。实际上，为使这一过程更有效，它被设计为一个两阶段的过程，一部分蒸汽在到达另一个（较冷的）加热盘管的阶段之前，就已经沿着高压涡轮机流走了。两组盘管都装在同一个罐子中，如图 10.3 所示，在流过第二组 V 形板干燥器后，高压涡轮机排出的蒸汽就

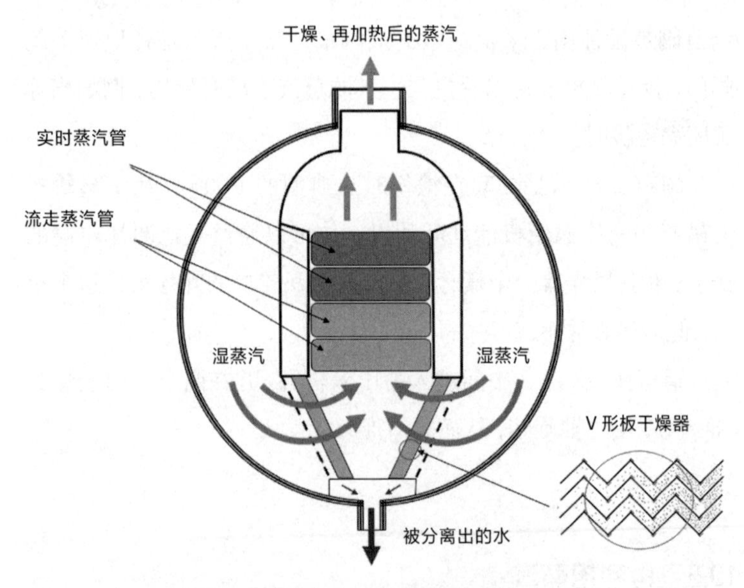

图 10.3 汽水分离再热器的横截面示意图

图 10.4 低压涡轮机叶片

会流过这些盘管。这被称为“汽水分离再热器”，在产生大量（相对）较低温度和较低压力蒸汽的压水堆中，这种装置很常见。

现在你的蒸汽已经被重新加热，它通过一套新的截止阀和调节阀，然后进入一个大得多的“低压涡轮机”（其叶片如图 10.4 所示）。低压涡轮机比高压涡轮机的体积大得多，因为蒸汽在通过高压涡轮机时已经膨胀。在实践中，通常有不止一个低压涡轮机，安装在像高压涡轮机主轴一样的轴上，具体视不同的蒸汽量而定。再一次，蒸汽通过一排排固定和转动的叶片，推动主轴转动。

10.6　冷凝器

在较小的蒸汽涡轮机上，蒸汽有时会在通过一台低压涡轮机后直接排到大气中。但是在一台更为大型的涡轮机上，这将给我们带来两个问题。首先，这么做是在浪费水，而且这些水曾被净化和特殊处理，以减少二回路中的腐蚀，因此这么做是浪费钱。其次，它将限制通过低压涡轮机时可以用于膨胀的蒸汽总量。蒸汽无法膨胀到压力低于 1 巴的程度，因为这将阻止它被排放到大气中，而这就会严重影响我们能够从蒸汽中获得的能量的总量。

因此，像你所用的这类大型涡轮机都会包含一个“冷凝器”。用工程术语来说，这其实是布置在低压涡轮机下方或侧面的大量（好几万条）冷却管。蒸汽离开低压涡轮机的最后一排叶片后，随即被引至冷凝器中。在那里，蒸汽冷凝在这些管子的冷表面上。通过将蒸汽冷凝为水，可使得它们更容易被泵送。像许多其他的压水堆一样，你的冷凝器是通过向管道内泵入 10 ~ 20℃的海水（“循环水”）进行冷却的。

聪明的做法是，如果你首先在冷凝器上安装一台真空泵（“抽气泵”）以去除管道周围空间中的所有空气，冷凝器中的压力将降至可让海水在当前温度下沸腾的压力。用术语来讲，此时的压力在 10～50 毫巴之间，或者说低于 1/20 的标准大气压。我认为这是一种非常聪明的做法，因为这意味着蒸汽可以一直膨胀到这一非常低的压力，因此你可以从蒸汽中提取到比之前多得多的有用能量并将其转化为电能。你装备的冷凝器确实在“吸取”能量（而这是一件好事）。

为了耐久和抗腐蚀，当代冷凝器管往往由金属钛制成。它们并不便宜，但很耐用，而且即使在你的核电站寿命终止之后，它们仍然具有很高的报废价值。当然，你还需要泵入大量海水，使之流经冷凝器管，以除去蒸汽中的所有热量——每天需要几百万吨海水，而这就意味着你需要使用大型循环水泵。

10.7 返回的方式

要将水（冷凝的蒸汽）送回蒸汽发生器，需要两样东西：给水泵和加热器。通常，泵水分成多个阶段，但无论你如何布置给水泵，最终需要达到每秒约 2 吨水的流量，并将水以蒸汽发生器的压力（70～80 巴）送回蒸汽发生器。你也可以这样理解这一规模，只是为了运行给水泵，你的压水堆可能就需要 25 兆瓦的电力。

你可在彩色插图 1.4 中看到，在返回蒸汽发生器的路径中有几套“给水加热器”。为给水加热，可以降低蒸汽发生器内部金属组件所承受的压力，因为它们的温度不会再周而复始地发生改变。对你来说更为重要的是，这会对核电站的整体运行效率产生巨大的影响。说来可能令人惊讶，在水被泵入蒸汽发生器之前对其加热，实际上改善了你的核电站中热量的使用（“热效率”）。其背后的原理有点超出了本书主要探讨的范围，如果你有兴趣，可以去研究“蒸汽循环”。

你的给水加热器利用来自低压涡轮机和高压涡轮机的蒸汽，采用的是与汽水分离再热器利用来自高压涡轮机的蒸汽一样的方式。来自每个加热器的排气侧的“排水”（冷凝水）被巧妙地连通在一起，以尽可能多地回收有用的热量，例如，来自较热的加热器的排水可以用来加热前一个（较冷的）加热器。

“除气器”（如彩色插图 1.4 中所示）是一种特殊的给水加热器，其另一个作用是从给水中去除溶解的气体，因此要注意其安装高度。除气器需要安装在涡轮机舱的高处，目的是在主给水泵的进口处升高水的压力。这意味着不得不由位于冷凝器下方，安装在地下室中的“冷凝水抽取泵”将水向上推到除气器中。

与燃煤发电站相比，你的压水堆在相对低的温度下运行。根据物理学原理，热利用过程的最大理论效率与其最高温度和最低温度之差有关。对一座燃煤发电站来说，该温差可能为 600℃。而对压水堆而言，该温差接近 300℃。一座压水堆的最大理论热效率只有 50%，也就是说，你可以将你在反应堆中产生的能量的 50% 转化为有用功。在实践中，转化过程中仍会有热量损耗，而你最终达到的最佳效率约为 35%，或者更低一点。换句话说，当你以全功率运行一座压水堆时，大约三分之二的反应堆所产生的热量被排入了海水中。对此你是无能为力的……你无法改变物理定律（“法律”的“律”）！

最后，在到达蒸汽发生器之前，给水要先通过用于控制水的流量的“给水调节阀”，这将在第16章中更详细地介绍。

10.8 发电机

你应该已经注意到了，到目前为止，我们只是实现了让涡轮机主轴转动起来——诚然这已经进展得很快了。在高压涡轮机主轴的另一端是一台大型发电机。在你的核电站中，发电机的外部（被称为“定子”，因为它不旋转）通过一个大型开关（断路器）且经由变压器连接到电网。由于电网使用的是交流电，这要求定子内存在一个与电网频率相同的旋转磁场。

因为蒸汽通过涡轮机时膨胀而旋转的涡轮机-发电机主轴穿过定子。在这里，主轴被称为“转子”，而且被接通电源以产生一个它自己的磁场。如何在转子中创造一个磁场呢？通过在同一主轴上放置一台较小的发电机，这通常被称为“励磁电机”。有时这台电机自己还有一台更小的发电机，被称为辅助励磁电机。

为说明这一布置方式，彩色插图4.6展示了两台并排放置的大型（600兆瓦）涡轮发电机。小型高压涡轮机应该位于低压涡轮机的左侧，但被图中管道挡住了。请记住，你的单个涡轮机比图中的这些更大，但是设备布局非常相似。

通过让转子的磁场与定子的磁场对齐（同步）并随后设法推撞定子的磁场，以在电网中产生更高频率的交流电循环，你的核电站得以将其能量输入电网（参见第13章）。你很快将会在后文中看到，这种与电网的交互作用对于你如何运转一座反应堆有着重要影响。

10.9　从总体来看核电站冷却回路

现在你已经明白，你的压水堆核电站有三个主要的“回路”用于传送热量。

- 一回路的水泵推动水经过反应堆堆芯并进入蒸汽发生器管中，然后再将水送回反应堆。这是一个“闭环”系统，一遍又一遍地反复使用同样的水，尽管有来自化学和容积控制系统的若干调整。这使得可能有放射性污染的水与核电站的非核部分分离开来。
- 二回路从蒸汽发生器中获得蒸汽，使其膨胀并通过涡轮机，再凝结成水，再加热，并被泵入蒸汽发生器中，在其中再次沸腾。这也是一个“闭环”系统，防止昂贵的处理过并掺入了化学品的水被简单地丢弃掉。
- 第三个是冷却系统，也叫作循环水系统，这是一个“开环”系统。该系统泵入海水，使其流经冷凝器管，然后再排入海中。海水在排入海中时的温度可能会比进入核电站时的温度高 10℃。

你的反应堆产生的能量中约有 1/3 被转化为电能并输送到电网上。其余的 2/3 能量以废热形式离开发电站，被排放到海水中。对此你就不要挂怀啦。

第 11 章

巨大的红色按钮……

它并不总是红色的，也不总是特大号的，但每一个控制室都有这样一个“反应堆事故停堆”按钮。图 11.1 显示了这样的一个按钮——记住，重置这个按钮需要用到钥匙，而按下的时候不需要钥匙。

请记住，控制棒是通过电磁夹具抽出或插入反应堆的，需要有电流才能紧紧抓住控制棒。反应堆事故停堆按钮与截断这一电流的开关——称为“断路器”——相连接。如果你按下这个按钮，断路器将打开。通常布置有多个断路器，以避免某一个断路器卡在闭合位置并使得电流持续通过。

当控制棒夹具打开，控制棒会在重力作用下掉入反应堆中。这一操作听起来似乎很不精细，但是，因为只有几米的下降幅度，控制棒从完全抽出反应堆到完全插入反应堆之间，只需要不到 2 秒的时间。我们不得不留出一点时间以便断路器和夹具打开，但是即使如此，从你按下反应堆事故停堆按钮到控制棒完全插入，大概也就 3～4 秒的时间。

当你将目光从反应堆事故停堆按钮上移开的时候，你将看到反应堆功率已经下降到你停堆之前功率的约百分之一，而且还将继续下降。当然，反应堆仍在产生大量热量（衰变热），但链式裂变反应事实上已经停止。换句话说，控制棒的插入已使反应堆完全进入亚临界状态。

图 11.1　反应堆事故停堆按钮

11.1　接下来做什么？

无论是你按下按钮让反应堆事故停堆，还是因为保护系统判定它应该被关停而自动事故停堆，你都不得不执行相同的“事故停堆后行动”。你和自动控制系统的首要任务都是稳定核电站，只有核电站稳定下来，你才能抽身并考虑下一步要做什么，例如，弄清楚是什么问题导致你在一开始按下了大号红色按钮！但是目前，你的任务是检查核电站是否稳定，并在发现任何问题时进行干预。在你开启任何流程之前，你需要学会如何快速并烂熟于心地做到这一点。

首先要做的是：

- 检查所有控制棒是否已完全插入。
- 检查反应堆功率是否非常低并在持续下降。

如果发现有问题，你将需要找到其他降低反应性的方法，例如快速向一回路中添加硼。

接下来要做的是：

- 检查涡轮发电机是否也被关停了。

当你让反应堆事故停堆时，一个涡轮机关停信号将被发送到涡轮机控制系统。涡轮机关停将导致涡轮机上的截止阀和调节阀关闭，这些阀门通过反抗机械弹簧的液压系统来保持打开状态。通过释放液压，涡轮机关停信号得以生效。为什么关停涡轮机如此重要？因为如果涡轮机没有被关停，尽管你的反应堆停堆了，但你的涡轮机将继续从核电站中吸入蒸汽，这将导致反应堆迅速冷却，从而增加反应性，甚至可能使反应堆重新回到临界状态。请记住，此时你正试图稳定核电站，因此，如果涡轮机没有成功关停，你可以选择关闭一个蒸汽隔离阀（例如主蒸汽管道隔离阀）来阻止反应堆快速冷却。

涡轮机关停仅仅几秒钟后——所有已在涡轮机内的蒸汽会在这段时间内流经冷凝器——主发电机将自动与电网断开，而涡轮机将开始减速。同样，如果这一过程中发生问题，你也应选择断开一个电气开关。如果你让主发电机继续与电网连接，它可能变得像一台电动机一样，使涡轮机持续旋转，而这很可能导致过热而造成损坏。

现在要做的是：

· 检查一回路的温度和压力是否还稳定。

事实上，当反应堆事故停堆时，一回路的压力将显著下降。

这本是意料之中的事。当你让堆芯停止产生能量时，热管水温降至接近冷管水温（衰变热仅占全功率的百分之几，因此不会带来太大的影响）。换句话说，一回路的平均温度下降了约 15℃。这导致一回路中的水的体积收缩，因此稳压器水位会突然下降。稳压器内会发生蒸汽气泡膨胀以填补这一间隙，导致其压力以及一回路其余部分的压力下降。因此，你在事故停堆后预计会看到的，是一回路压力下降，并且所有稳压器的加热器自动打开以恢复正常压力。

但可能出人意料的是，反应堆事故停堆后，蒸汽压力会上升（是的，确实如此）。如果你回想起此前学到的内容中有关一回路到二回路的热流的知识，你会记得，两者之间的温差（在全功率时约为 7℃）是驱动热量穿过蒸汽发生器管的必要条件。事故停堆后，反应堆中产生的热量陡降，因此这一温差可能减小为仅仅零点几度。在实践中，这意味着蒸汽温度从其全功率时的 285℃升高到几乎与冷管水温相同。如果你不理解为什么蒸汽温度会升高，那么请记住，在涡轮机关停的情况下，现在几乎没有任何蒸汽从蒸汽发生器的顶部流出，那么蒸汽压力会蓄积，并带动蒸汽发生器的温度与之一起升高。这样就可以理解了。

这里最巧妙的一点是……蒸汽排放装置（或伺服电机操纵泄压阀，参见第 12 章）现在会被打开，带走少量蒸汽，并将蒸汽压力控制在这一较高的水平上。这样就从系统中带走了热量，并阻止蒸汽温度和冷管水温进一步升高。

如果有迹象表明压力和温度不稳定，那么你将需要介入并手动执行部分上述操作。

现在放松一下吧。

一旦情况稳定下来，并且衰变热正在减少，你就可以换用小流量辅助给水泵。你还必须检查一回路中是否有足够的硼，以使反应堆在较长时间内保持在亚临界状态。然后，你只需决定，是准备重新启动反应堆和涡轮机，还是准备让核电站冷却并降压。你接下来做什么，将取决于为什么反应堆会事故停堆，并且这意味着你可能需要核电站内其他部门的支持来完成后续的工作。

11.2 事故停堆和停堆……

顺便说一下，在英国，我们使用“事故停堆”（trip）一词表示反应堆或涡轮机的快速关停，这可能是因为在电气系统中，断开断路器或开关也通常称为“关停”（tripping）。在美国，尤其是在沸水反应堆，你听到的可能是“停堆”（scram）一词，而不是“事故停堆”。

传说，“停堆”一词最初是因芝加哥 1 号堆（第 4 章中介绍的世界上第一个人造反应堆）的一次事件作为一个首字母缩写词出现而诞生。在芝加哥 1 号堆首次启动现场，一位物理学家被安排带着一把斧头，并随时准备用斧头砍断一根绳索，这将迅速使控制棒落入堆芯中。准备这一手，只是为了预防反应堆无法被控制。据说他被称为“安全控制棒持斧人”（Safety Control Rod Axe-Man），简称“停堆人”（Scram），并且很可能从那时开始，这个词就被更广泛地用于表示任何紧急关停。也有可能，这个词是后来被添加到了芝加哥 1 号堆的历史中的，而实际上，该词在更加传统的情况下的意思是“迅速走开”。

在法国，“事故停堆”被简单地称为“arrête”，也就是“停止”。说到底，这只是各国叫法不同而已……

11.3　什么样的控制室最高效？

控制室在大小、寿命和设计上差异很大。我已经习惯了按照每个重要系统的“模拟图”安排控制键的面板。图 11.2 是这种模拟图控制面板的局部示例，此处涉及“高压安全注入泵”，你将在第 18 章遇到它。即使不知道这种泵的功能，你也应该能够看到一条从模拟图左侧的水箱（和水槽）经过各种阀门和水泵，到达右侧冷管的清晰的流动线路。

作为一名操作员，当你在压力下工作时，这些模拟图可以带来很大的帮助，有助于确保你正在启动正确的泵或正在操作正确的阀门。

其他控制室设计者选择了不同的方法。一些人更喜欢看到一排排外观相似的开关有序排列，没有明显的对相关设备系统的“模拟”。相反，在更现代化的发电厂中，大多数控制面板上可能没有实体的模拟图，然而在大屏幕上可能有数以百计的模拟图。在控制室的设计上没有统一的正确答案，相反有许多选项……

重要的是，对于即将使用的任何东西，你都要经受全面的培训，以便了解其所有功能和可能导致的错误。

让我们假设你的控制室较为传统，有实体面板和模拟图。你可能要面对哪些控制键和指示器呢？图 11.2 已经向你展示了用于操作阀门的开关。可能有好几百个这样的开关——这并不是说你需要控制核电站的所有阀门，但是你至少需要在，比如说，事故停堆的 30 分钟内，操作一些重要的阀门。

你还要面对启动和停止水泵的控制键；众多的核电站系统使你不得不面对众多的水泵。图 11.2 展示了一个有趣的设计选择：水泵

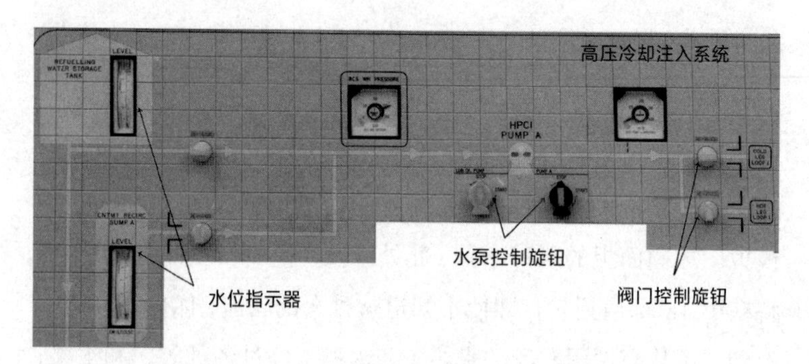

图 11.2　控制室模拟图示例

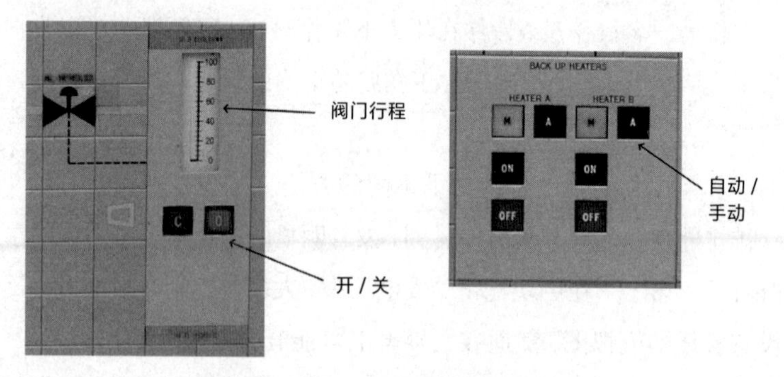

图 11.3　控制按钮

显示为绿色的。在该核电站，模拟图中的绿色意味着“停止”，而红色意味着“运行”。也许是出于某种停止的东西可以被视为是内在的安全的原因吧。某些核电站则使用相反的思路——红色表示停止，绿色表示运行。所以要明白，你的核电站遵循的是哪一种传统！

有时候，因为你想要改变阀门的具体位置，而不仅仅是开和关，简单的阀门开关操作无法做到这一点。因此，你可能会有诸如图 11.3 左侧这样的控制板，在该面板上，阀门的行程由开和关的按钮控制，但可以停止在任何当前位置上。你可能还会发现用于启用或禁用设备自动控制的按钮。图的 11.3 右侧的图中稳压器加热器的“自动 / 手动”控制键就是这种。此时只有选择“手动”，才能从控制室开启或关闭这些加热器。

除了控制键之外，你的控制室中还有数以百计的位于面板上的指示器，以及数以万计的存在于计算机系统中的指示。现代化核电站都严重依赖仪器，仪器面板必须坚固且易于使用，并且不容易被误读。图 11.4 显示了几个示例。

图 11.4 左侧的指示器是稳压器的水位和压力指示器，请注意，这里采用了不同形状的表盘来避免彼此混淆。图 11.4 右侧的示例包括了一排绿灯，请记住，在这些特定的面板上，绿色表示关停或者阀门关闭。这些灯告诉你，这条主蒸汽管道上的所有五个安全泄压阀均已关闭。

重要的是，这些指示器是由安装在阀门上的小开关驱动的——它们正在告诉你的不是阀门应该在什么状态，而是阀门当前的实际状态。导致三哩岛事件（参见第 19 章）的部分原因是控制室指示器显示的是控制系统想要阀门切换到的状态（关闭），而不是它实际处在的状态（打开）。这导致控制室内的操作员不明白他们面临的真正问题。

本书专注于操作你的反应堆，但正如你所见，在你的涡轮机上也有许多事情要做。图 11.5 的左侧向你展示了一个（据我所知为）涡轮发电机独有的一种指示器——矢量计，其纵轴显示涡轮机以兆瓦（MW）为单位的输出。水平轴解释起来更复杂，因为它显示的是某种被电气工程师形容为无功功率的东西，以兆

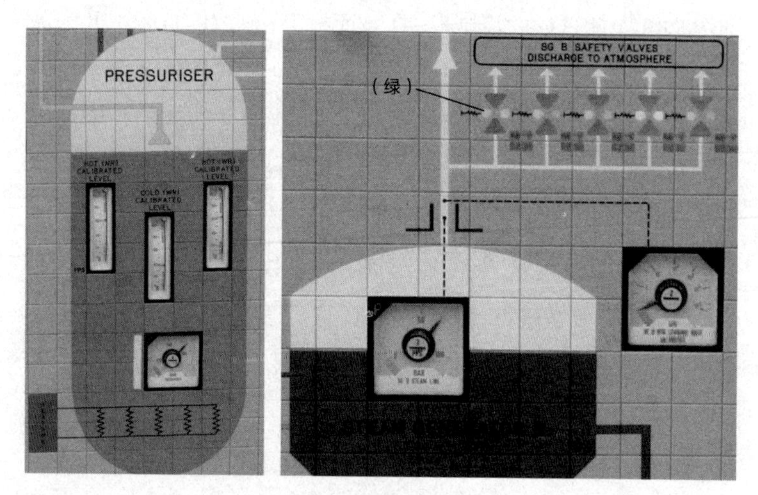

图 11.4　面板上的指示器

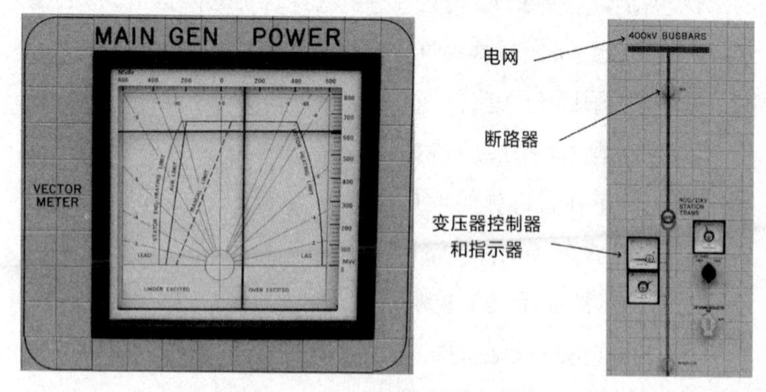

图 11.5　电子指示器和控制器

乏（Mvar）为单位。运营电网的人员需要确保无功功率在整个系统中是平衡的，就像他们平衡以兆瓦为单位的电力供应和需求一样。从你的角度来看，你可以通过改变涡轮机主发电机的励磁量（但仅当电网控制要求你这样做时！）来增加或减少无功功率。

图 11.5 的右侧显示了一个电气模拟装置的局部——在本例中，是你的核电站与电网之间的接口之一。英国的高压电网的工作电压为 400,000 伏（400 千伏），因此你要使用变压器将其降为更适用于你的核电站的电压。在此例中，一台“站内变压器”将 400 千伏降为了 11 千伏。你或许会听到人们谈论“发电机变压器”（升压）和“单元变压器”（降压）的情况，两者通常与你的涡轮发电机相关。

你在模拟图上看到的开关是用来操作一个大型电气开关的，我们称之为“断路器”，用于将该站内变压器与电网间的连接断开。

最后，我只是提一下，正如你在图 11.6 中所看到的，涡轮机也有个红色的大按钮！

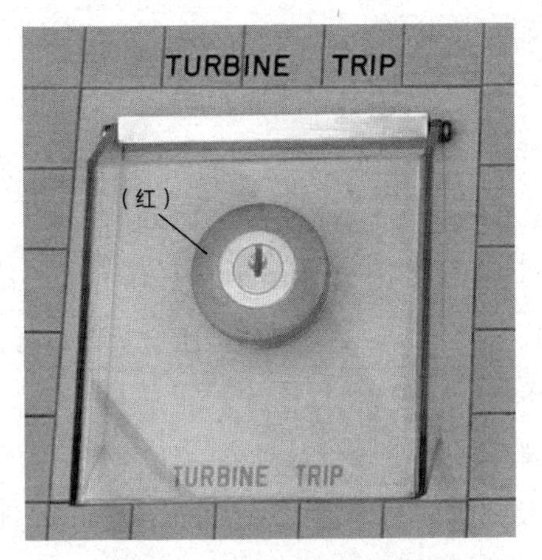

图 11.6　涡轮机停机按钮

11.4 一共有多少座反应堆？

这个时候我们来回顾一下并问一问：“世界上一共有多少座反应堆？”如果你访问国际原子能机构（IAEA）的网站，你可以找到一份名单，包括 32 个国家的 450 座正在运行的核电站反应堆（包括 300 座压水堆），以及大约 50 座正在建设中的反应堆。许多现存反应堆已接近其经济生命的尾声，因此其中有些反应堆可能会随着新建反应堆的启动而彻底关停。就全尺寸（核电站）反应堆而言，在全球范围内，反应堆运行时长总和已经超过了 18,000 反应堆年，其核能产生了世界总电力的七分之一。

但这还不是所有的核反应堆……

在 55 个国家中大约还有 250 座研究用反应堆。这些反应堆一般不产生任何电能，但被公司和大学用来研究计划用于大型核电站的燃料和材料。它们也普遍用来产生用于核医学的放射性核素。成千上万的人从这些治疗中受益。例如，甲状腺功能亢进现在已经常规使用半衰期很短的放射性碘来治疗。

许多科研反应堆采用一种简单的“水池”设计，即核燃料（通常是高浓缩铀或钚制成的薄板）位于一个深水池的底部。反应堆以低功率运行，通常不超过几千瓦。水将热量从燃料中带走，并保护上方的研究人员，使其免受放射性的影响。澳大利亚的“OPAL”反应堆就是现代化水池型科研和医用核素生产反应堆的样板，也是澳大利亚（2019 年）唯一仍在运行的反应堆。

还有更多的反应堆……

压水堆基于这样一个设计理念，即一个能为潜艇提供动力的紧凑型核反应堆。这一理念现在依旧成立，并且已扩展到大型战舰，例如航空母舰，核动力航母上最多有高达八座独立的核反应堆，尽管一到两座核反应堆的设计更为普遍。据估计，目前全球在役的核动力船舶和潜艇的数量约为 140 艘，由约 180 座反应堆提供动力。

全球总计有将近 900 座在运行的核反应堆。这已经不是一个小众产业了，对吧？

（我承认，甚至还有一些我没有统计到的比较不常见的反应堆……比如用作航天动力源的小型快反应堆，临时安装在南极洲美国基地内的小型反应堆，还有一些可能安装在飞机或导弹上的反应堆。我们在本书中对它们不做考虑。）

第 12 章

你的反应堆是稳定的（第二部分）

在前面的章节中，我介绍了前两个关键概念，帮助你了解你的压水堆的表现。首先是反应性的概念。第二个是你的反应堆的稳定性，尤其是对堆芯内部温度变化的应对。

在本章中，我将解释第三个关键概念——蒸汽发生器的设计如何增强了核电站的稳定性，以及它如何决定了你的反应堆对外部事件的反应。

我承认，压水堆表现的这一层面有时候可能有点难以理解。不用担心，它实际上比较容易被理解。简而言之，压水堆遵循蒸汽需求。

12.1　蒸汽发生器的运行条件

图 12.1 与第 3 章中的水的沸腾曲线（“饱和曲线”）是一样的。这一次，我标记了蒸汽发生器的二回路一侧的温度和压力的大致范围。

你马上会注意到，蒸汽发生器二回路一侧的运行条件始终位于饱和曲线上的某个位置。当你理解蒸汽发生器的设计后，会明白这应该是合理的。蒸汽发生器的设计中，没有任何东西可以将其条件移至曲线右侧，因为这将需要某种令蒸汽过热的东西。另一方面，蒸汽发生器的状态不能存在于饱和曲线的左侧，因为那样会阻止蒸汽发生器的沸腾，这样一来它们就不会产生任何蒸汽。

第三个关键概念的核心很简单：无论你对蒸汽发生器做什么，它们的状态都只能够沿着饱和曲线向上或向下移动。例如，

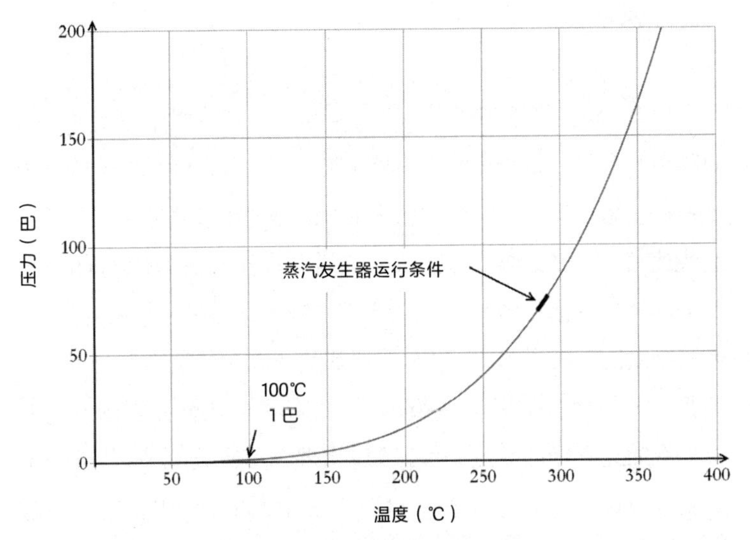

图 12.1　水的饱和曲线示意图

如果你通过打开涡轮机调节阀提取更多的蒸汽，则蒸汽压力将会下降。这将导致蒸汽发生器中的蒸汽和水的温度下降，因为它们不得不保持在饱和曲线上。相反，如果你提取较少的蒸汽，蒸汽发生器中的蒸汽的压力和温度将上升，以保持在同一条曲线上。除了最极端的故障以外，蒸汽发生器的状态保持于饱和曲线上这一事实不会改变，因此饱和曲线提供了一个比较稳定的点（或线），二回路的运行被限制在其周围。

这很重要，因为蒸汽发生器管内的一回路水（以冷管水温返回到反应堆）的温度与管外（在二回路中）的温度密切相关。因此，现在我们在蒸汽条件（蒸汽温度）和冷管水温之间建立了联系——请记住：从我们的第二个关键概念可知，如果冷管水温改变，反应性和反应堆功率也会改变。

12.2 热传递

现在，我们停下来思考一下冷管水温与蒸汽发生器温度之间的联系有多强。每个蒸汽发生器中有 5,000 多只管子。这些管子排列在一起形成了一个巨大的表面，使热量能够被传递。管子内是快速移动的水，而（与蒸汽混合后）占比至少为 75% 的水在管子的外部冒泡扑腾——我说至少 75%，是因为在管束的底部，蒸汽含量比管束顶部低，只有在顶部的蒸汽含量大约为 25%。管子的管壁很薄——只有 1 毫米厚，并且由导热性极强的金属制成。有如此良好的导热条件，冷管水温和蒸汽温度之间只有 7℃的温差就毫不奇怪了。在一台蒸汽发生器的管子中，就有将近 900 兆瓦的热量从一回路转移到了二回路一侧。

你可能想知道，为什么我谈论的是冷管水温而不是热管水温——如果热管水温更热，为什么蒸汽温度不是更接近热管水温呢？答案在于蒸汽发生器管的倒 U 形设计中。你的压水堆中，在二回路一侧，在管子较热的一侧（一回路水以热管水温进入的地方）与较冷的一侧（一回路水以冷管水温离开的地方）之间没有分隔。这意味着蒸汽温度最终自然会比热管水温和冷管水温都更低。如果你仔细想一想，你会发现，如果不是这种情况，热量将以错误的方向流动，穿过水正在离开蒸汽发生器的地方旁边的管子，从二回路流回到一回路一侧。

12.3　一个实际例子：发电功率的小变化

设想你的反应堆正以接近全功率运行，而你决定将你的发电量提高那么一点点，比如说几兆瓦。为此你将打开涡轮机调节阀，允许多一点的蒸汽进入涡轮机。这将更有力地推动叶片和主轴，进而将更多兆瓦的电能输入电网。

现在让我们考虑一下你的二回路中此时正在发生什么。随着你打开调节阀，蒸汽通过路径的限制变得更少了。这将增加蒸汽的流量并降低其压力——有点像是将你的拇指从花园浇水的软管末端移开。这一压降沿主蒸汽管道向后扩散，一直到蒸汽发生器，并导致其二回路一侧的压力下降。如果蒸汽压力下降，蒸汽温度也将因此下降（维持在饱和曲线上）。如果蒸汽温度下降，冷管水温也会下降。因此，由于蒸汽需求增加——打开涡轮机调节阀，你将在一回路中看到的第一个效应是冷管水温的（小幅）下降。

顺便说一句，如果我现在请你告诉我，蒸汽发生器中的水位此时将发生什么变化，你会怎么回答呢？我认为大多数人会意识到，相比他们（以给水的形式）输入的水，他们将（以蒸汽的形式）从蒸汽发生器中提取更多的水，所以蒸汽发生器的水位将会下降，对吧？但实际上，在一开始时，水位会上升！还记得你的蒸汽发生器中的水实际上是蒸汽和水的混合物吗？那好，你刚刚降低了压力，因此混合物中的所有蒸汽气泡将迅速膨胀，导致水位上升。但仅仅是开始时如此。在此之后，蒸汽发生器的水位将如你所预计的那样开始下降，因此，虽然发生了这一看似相反的水位改变，但给水控制系统足够智能，可以识别正在发生的情况，并增加给水以保持一个稳定的水位。

此时你的反应堆内正在发生什么？让我们暂且假设控制棒没有移动，所以我们只需考虑普通物理现象。随着冷管水温下降，慢化剂的平均温度将下降。平均燃料温度也将以一个相近的程度下降。通过第 9 章的内容，你知道，这将导致反应性的增加，这一增加既来自燃料温度系数，也来自慢化剂温度系数。这反过来又导致功率的上升，直至达到一个新的平衡，亦即，功率的增加导致燃料和慢化剂的温度升高，这将会把反应性带回零值，并因此中止功率的升高。所有这一切都发生得很快，可能只需要几十秒，而且这一效应足够敏感，可以响应仅仅百分之几摄氏度的冷管水温变化。

你刚刚看到的是“反应堆遵循蒸汽需求”的效应，这是压水堆的表现的基础。一旦达到临界状态，压水堆将改变其功率水平以适应你提出的任何蒸汽需求。你可以从中得出以下几点结论：

· 无论蒸汽需求是来自通过涡轮机的蒸汽流，还是来自通过安全泄压阀甚至是通过破损管道的蒸汽流，对反应堆而言都没有区别。只要它出现并影响了冷管水温，堆芯都会适应它。

- 任何导致冷管水温下降的问题，即使它仅仅发生在一个蒸汽发生器上，也会导致反应堆功率的上升。
- 任何导致冷管水温上升的问题都将导致功率下降。
- 如果你能保持你的蒸汽需求稳定，你的反应堆功率将保持稳定。
- 如果你需要迅速改变你的蒸汽需求，以响应你的涡轮机上或电网上的问题，你的反应堆将响应蒸汽需求。

12.4　保持预设

反应堆遵循蒸汽需求也有不利的方面：温度变化。正如我在上文所描述的，反应堆将遵循蒸汽需求的原因，是冷管水温的变化。不幸的是，你的压水堆从设计上需要在特定温度下运行。例如，如果你增加了蒸汽需求，并且蒸汽温度和冷管水温都下降而又没有被纠正，则低温蒸汽对二回路的影响将降低整体热效率——较低温度的蒸汽在涡轮机中不那么有效。相反，如果你在蒸汽需求已经降低的时候让冷管水温上升得太高，那么你将消耗一回路中的沸腾裕度。

你所需要的是一种微调反应性，以便将冷管水温恢复到其预设（设计）值的方法。你可以通过以下两种方式之一进行操作：使用控制棒或使用硼。向反应堆内移动控制棒几步或略微增加一回路中的硼浓度（使用化学和容积控制系统），将导致冷管水温下降以恢复“失去的”反应性。相反，从反应堆中抽出控制棒几步或小幅稀释硼浓度，将使得冷管水温升高以修正多余的反应性。移动控制棒很快速，但如果移动的幅度过大，可能会对反应堆中的功率分布产生不良影响，因此对控制棒的插入有一定限制。改变一回路中的硼浓度（使用化学和容积控制系统）会产生更加均匀的效果，但这种方式较慢且通常不是自动化的。

在你的压水堆中，控制棒有一个被称为“反应堆温度控制系统”（Reactor Temperature Control System，RTCS，参见第 16 章）的自动化控制系统，这个系统将移动控制棒插入和抽出，以将反应堆温度保持在其设计的值。发电功率小幅增加带来的完整情况于图 12.2 中加以展示。

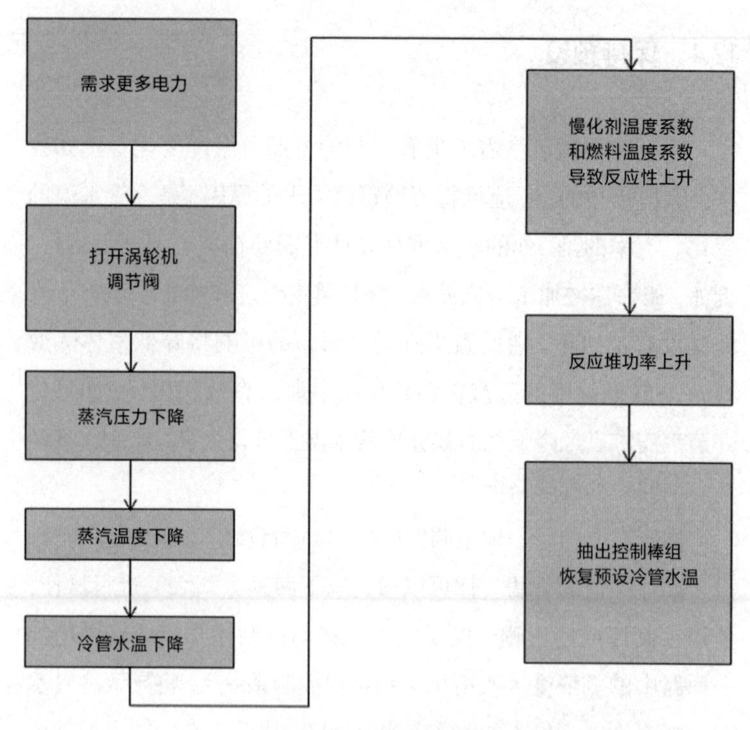

图 12.2 电力小幅增加

根据这张图，你可以自己去搞清楚发电功率下降期间会发生什么……

你的压水堆冷管水温事实上并非只有一个设定值。相反，冷管水温的设定值取决于功率。我已经说过，在反应堆达到全功率时，冷管水温和蒸汽温度之间的温差为 7℃。在半功率的情况下，只有一半热量通过蒸汽发生器管传递，这一温差仅为 3.5℃。在零功率的情况下，冷管水温和蒸汽温度实际上是相同的。这解释了为什么在反应堆处于最低功率时蒸汽压力最高，因为此时蒸汽温度与冷管水温最为接近。

将蒸汽压力和温度都保持在更高的状态，对效率更有利，但是在升高功率时我们不能将冷管水温改变太多，否则热管水温最终会接近沸点。不过，当提高功率时，我们可以让冷管水温只升高一点点——比如说，几摄氏度——这不会完全阻止蒸汽温度的下降，但会有所帮助，正如你通过比较图 12.3 中的（a）（b）两图看到的。你的反应堆温度控制系统将这一冷管水温的变化

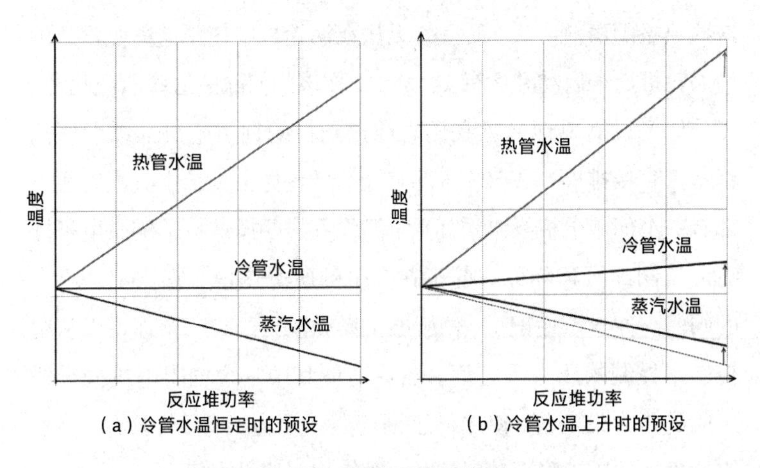

（a）冷管水温恒定时的预设　（b）冷管水温上升时的预设

图 12.3　温度预设示意图

形式内置于其程序中，作为其温度预设的一部分。因此，随着功率的变化，这应该会自动发生。

在本章中，我们着重讨论蒸汽需求是如何影响你的反应堆的稳定的——反应堆将始终响应来自涡轮机的蒸汽需求。但是，在涡轮机提出这种稳定性的蒸汽需求之前，在反应堆低功率状态下，你如何控制冷管水温呢？

12.5 蒸汽排放

答案是“蒸汽排放”（参见彩色插图 1.5）。首先，设想你的反应堆处于亚临界状态，并且全部四个反应堆冷却剂泵都在运转。即使反应堆已关停，它仍在产生衰变热。如果你关停反应堆不是太久，衰变热可能会超过 10 兆瓦。此外，用于反应堆冷却剂泵的大部分电能最终都会转化为一回路中的热量，因此你可能总共有 30 兆瓦以上的热量需要处理。你要利用你的蒸汽发生器将这些热量随蒸汽除去，而且你无法在涡轮机中使用这些蒸汽（因为涡轮机尚未启动和运行）。那么，你该如何除去这些蒸汽呢？

你可以简单地通过我们之前提到过的伺服电机操纵泄压阀将蒸汽直接排放到大气中。事实上，尽管你在每条主蒸汽管道上都有一个伺服电机操纵泄压阀，但你只需要操作一个伺服电机操纵泄压阀即可移除你当前正在产生的所有热量。它们都是巨大的阀门。你应该还记得，伺服电机操纵泄压阀有一个你可以从主控制室控制的压力设定值。当你降低其中一个伺服电机操纵泄压阀的压力设定值，使之低于当前蒸汽压力，阀门将打开，将蒸汽发生器的压力降至该设定值，并保持在该设定值。

这个设计的巧妙之处在于，伺服电机操纵泄压阀的压力设定值（由你控制）对应的是你将在相关的蒸汽发生器内需要的压力（蒸汽压力）。这也固定了温度（蒸汽温度），从而固定了冷管水温。

换句话说，通过改变伺服电机操纵泄压阀的设定值，你就控制了冷管水温。四个蒸汽发生器通过流经它们和堆芯的一回路水相连接，因此，如果你冷却了一个蒸汽发生器并降低了它的冷管水温，其他蒸汽发生器的状态也将随之变化，即使你没有主动使用它们的伺服电机操纵泄压阀来排放蒸汽。

以这种方式使用伺服电机操纵泄压阀很简单，但造成了浪费——你精心处理过的水（以蒸汽形式）被排放到了大气中。这也会产生很大的噪音，因此你的邻居不会乐意……还有另一种方式：除了使用伺服电机操纵泄压阀之外，你还可以不通过涡轮机叶片，直接将蒸汽排放到你的涡轮机的冷凝器中。这一路径被称为“涡轮机旁路”。你的涡轮机冷凝器的每个部分都各有一套排放阀，并且为了维持设定的蒸汽压力或固定的冷管水温值，这些排放阀将由自动控制系统打开，而这取决于你如何使用这一系统。

涡轮机旁路系统的优点是不会浪费水：水可以从冷凝器中抽出，然后再被用作给水。但涡轮机旁路要求你的冷凝器处于真空状态，而且几个涡轮机系统必须在涡轮机本身工作之前就先启动运行，因此在你的压水堆中，涡轮机旁路系统被认为不具有诸如应对故障之类的真正的核安全作用。

当你让反应堆达到临界状态并增加一回路的热输入时，你预计将看到增加的蒸汽排放速率，这是为了便于控制冷管水温：你有更多的热量要移除。为了增加蒸汽排放，你需要将伺服电机操纵泄压阀或是涡轮机旁路阀门逐步打开。

稍后你会看到从蒸汽排放到运行一台涡轮机是怎样过渡的，但你应该已经认识到，在这一过程中，反应堆压根没有注意到这一点——它可不管蒸汽正流向何方！

12.6 最后是……硼

我在本书中已多次提到硼。硼是一种只有 5 个质子的很轻的元素。天然状态下的硼约有 1/5 以硼-10（有 5 个中子）的形式存在，其余的是硼-11（有 6 个中子）。我们在这里不必过多关注硼-11，但是硼-10 很有意思，因为它会猛烈地俘获热中子。

在堆芯内部条件变化时，你可以使用硼来平衡其反应性。最重要的是，在一个运行"周期"开始时，通过在一回路中添加大量硼，你能够抵消反应堆中因全是新鲜燃料而导致的极高反应性。随着燃料被消耗和反应性下降，你可以缓慢减少（稀释）溶解的硼，以此保持反应性的平衡，并在设定温度值下保持反应堆处于临界状态。

图 12.4 显示了一回路中溶解的硼的浓度是如何随时间（在此是一个 18 个月的周期）降低的。它被称为硼的泄落曲线，这是因为稀释是利用化学和容积控制系统的泄落流量逐渐进行的。

图 12.4 中是一条曲线而非一条直线。这条曲线的形成有几个原因。首先，每一份硼对应的负反应值是不一样的——一回路中存在的硼越多，其浓度小幅变化产生的影响就越小。在一个周期开始时，你每百万分之一浓度的溶解硼可能对应约 –6 毫尼罗的反应性，在周期结束时，则上升至 –8 毫尼罗。其次，由于堆芯内部的功率分布的变化，堆芯随燃料消耗，其反应性变化是复杂的。

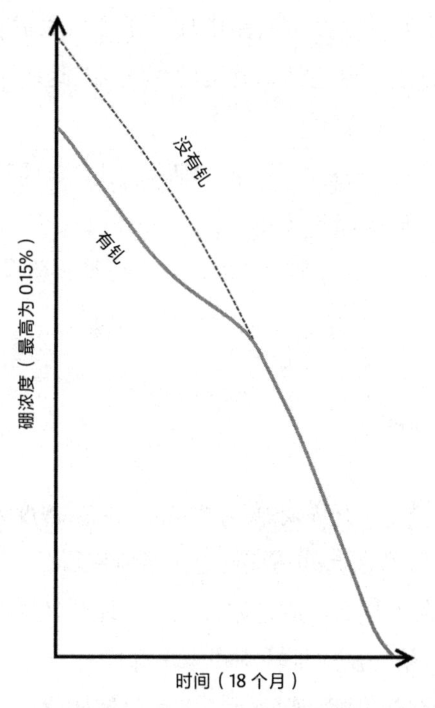

图 12.4 硼的泄落曲线示意图

泄落曲线最为明显的偏离，出现在运行周期开始时，这是故意用一种可以俘获中子的物质（钆）毒化新鲜燃料芯块所造成的。实际上，你的堆芯设计师想在一个运行周期的早期暗中破坏燃料，以降低其初始反应性。这可能听起来很奇怪，但这样做可避免硼浓度变得非常高，使慢化剂温度系数不至于变为正值。

在一个周期开始时减少硼，还改善了一回路中的化学作用。硼在一回路中以硼酸（H_3BO_3）的形式存在。它是化学家所谓的“弱酸”，但即便如此，仍需要向其中添加少量的碱，通常是氢氧化锂（LiOH），以平衡 pH。如果没有钆，甚至如果硼浓度更高，你就需要在一回路中加入更多的氢氧化锂。但是，过多的溶解锂会加剧不锈钢管道的腐蚀，因此最好是避免这种情况。

钆是一种“可燃毒物”。换句话说，钆会在俘获中子的过程中被耗尽。这意味着钆只会在运行周期的初始阶段对反应堆有显著影响——它不会导致你的堆芯的反应性长期降低。

12.7 日常稀释

通常，在整个运行周期中，你需要每天将硼浓度降低 2×10^{-6} ~ 3×10^{-6}。那么，你怎么知道该何时开始稀释硼呢？好吧，想想反应堆中正在发生什么。随着你日复一日地消耗堆芯，其反应性将自然下降，给予反应堆功率一个下降的压力。但反应堆的功率遵循蒸汽需求，因此，它不得不产生足够的蒸汽来满足涡轮机提出的任何需求。而要做到这一点，反应堆就不得不保持在临界状态。

在实践中，如果被涡轮机消耗的能量多于反应堆提供的，则反应堆温度将稍微下降。这种温度降低将提高反应性（通过慢化剂温度系数和燃料温度系数），并使反应堆功率回升以适应涡轮机的需求，尽管是处在一个较低的温度上。几小时过后，反应堆温度——比如说，测量的是冷管水温——将缓慢向下漂移，变化量可能是零点几摄氏度。如果你正在监控冷管水温，你将能够发现这一变化，并且你将会明白，是时候小幅减少硼浓度了。

如果你什么也不做，控制棒最终将被（自动）抽出一到两步，以恢复冷管水温至其预设值，这是另一种提醒你小幅稀释的时机已成熟的方式。这里的小幅是什么意思呢？在运行周期开始后不久，每天大约有数十升的脱矿质水分两三次添加到一回路中，到周期的末期时，这个量上升为每次加入几百升。随着硼浓度的下降，为了获得相同的浓度改变效果，你将不得不逐渐添加更多的淡水。如果这不容易理解，那么设想一个硼浓度为 0.1% 的一回路：如果你用淡水替换十分之一的水，硼浓度将下降 0.01%。如果你从硼浓度 0.05% 时开始，那么替换相同量的淡水，只会使硼浓度减少 0.005%，而这大约相当于前者一半的反应性增量。

在控制你的反应堆时，改变硼浓度在其他方面也很重要。硼可以用于关停你的反应堆，或在你冷却核电站时使反应堆保持关停状态。如果你添加了大量的硼，那么再充分的冷却也不会使反应堆恢复到临界状态，哪怕温度系数为负值。换句话说，你可以利用硼为你带来充分的“关停余裕”。硼还可用于抵消功率变化所引起的巨大且缓慢的反应性变化，尤其是那些由氙-135 引起的变化，我将在下一章中对此加以介绍。

你可能会问，如果硼被全部从一回路中稀释出来，你该做什么呢？这时候你需要关停反应堆——这是“换料停堆”的提示。我们将在第 21 章让你的反应堆经历这一操作。

第 13 章

让它转起来

回想第 7 章，我指导你让反应堆达到临界状态并将功率提高到了全功率的百分之几。你想必已经明白，你的反应堆现在产生的蒸汽正在被“排放”，你没有利用它们来做有用的事…… 至少现阶段还没有。在本章中，你将更充分地驱动你的反应堆并开始发电。

13.1　低功率状态的稳定

请记住，当你将反应堆提升到低功率状态时，你的核电站将出现一些情况，让我们再次回顾一下：

· 热管水温已上升到高于冷管水温。这表明，你正在给流经堆芯的水添加足够的热量，因此从底部到顶部的温度在上升。

- 你排放蒸汽的速率增加了，于是你不得不增加给水流量以维持蒸汽发生器的正常水位。进入你的一回路的热量越多，你的蒸汽发生器产生的蒸汽就越多，而你需要添加到蒸汽发生器中来继续产生蒸汽的水就越多。
- 稳压器中的水位将上升。这就有点微妙了。在你开始提高功率和温度之前，一回路的平均温度与冷管水温几乎相同。随着反应堆增加功率，热管温度升高，因此一回路中的平均温度（大约是热管水温和冷管水温之和的一半）也会升高。当反应堆达到全功率状态时，平均温度将上升大约16℃。即使平均温度发生很小的变化，也会影响一回路中水的密度——水的密度变得更小，因此占据了更多的容积。为适应这一容积变化，密度较小的水只能沿着波动管进入稳压器。这意味着，随着反应堆功率提升，稳压器的水位将上升。你的压水堆的稳压器有一个大水箱，足以应付从低功率到全功率的水的密度变化。这意味着你在改变功率时，不必为一回路加水或排水。
- 你如果不移动控制棒，启动率将回落至零。如果你回想描述反应堆稳定性的章节，你会发现，随着功率提升，你的燃料温度和慢化剂温度都会升高。这种温度上升带来的负反应性影响将降低反应堆的启动率，直到它为零。如果你没有提升反应堆的功率，则温度和反应性将达到平衡——它们将找到自己的平衡点。

13.2 对你的涡轮机的支持

到目前为止，你的蒸汽发生器所产生的蒸汽都被“排放”了。它可能（通过伺服电机操纵泄压阀）到了大气中，但更可能的是你使用涡轮机旁路系统将其排入了涡轮机冷凝器，后者更安静……并且这意味着你可以回收这些水，并重新将其用于给水。

为将蒸汽排放到涡轮机冷凝器中，你不得不启动许多通常用来支持在功率状态下运行涡轮机的系统。正如我已经提到过的，为了在有效的低温下冷凝蒸汽，冷凝器需要处于真空状态。事实上，是蒸汽的凝结维持了真空状态，但你仍不得不在一开始把空气排出去，因此需要使用抽气泵（真空泵）。

你的涡轮机需要润滑，因此预计会用到几台机油泵和机油冷却器。此外，我们还需要一种将涡轮机的机轴在涡轮机外壳边缘加以密封的方法，以免损失蒸汽或打破真空状态。与大多数其他涡轮机一样，你的涡轮机通过向围绕主轴的特殊密封件注入少量蒸汽来实现这一目的——密封件被工程师称为“密封压盖”，它与我们在一回路见到的反应堆冷却剂泵密封注水装置不无相似——一部分蒸汽通过密封压盖进入涡轮机，一部分跑了出去，但最终可以保障主轴周围的密封。

只有在涡轮机主轴转动时，密封压盖才能够有效地工作，因此你的涡轮机还包括一台能够以低速转动主轴的小型电动机。这被称为“盘车装置”。不幸的是，如果你试图简单地使用盘车装置来让你的涡轮机开始旋转，是不会成功的。因为涡轮机主轴连同其叶片重达数百吨，而且即使使用了润滑油系统，也非常不容易转动。大型涡轮机的设计者对此有一个解决方案：“顶轴油”。顶轴油系统从涡轮机主轴下方以高压泵注入机油（与润滑油相同的油）。这将主轴从其支承上抬起，而盘车装置随后就能够让主轴开始以每分钟几十转的速度转动。顶轴油效果惊人，在维护期间将压盖从涡轮机上卸下时，如果你用上了顶轴油（此时支承仍然完好无损），你甚至可以徒手转动整个涡轮机！

通过蒸汽发生器和涡轮机冷凝器循环蒸汽和水，使得你可以控制其化学性质。例如，当蒸汽进入冷凝器时，溶解的气体将被释放，然后被抽气泵抽走。同样，你可以在给水中添加氨和联氨等化学物质，以保持管道和蒸汽发生器处于低腐蚀条件下。

在主轴的末端，你还有一台发电机。你会在稍后详细了解。但是现在，我只想提示你，大型发电机通常使用氢气进行冷却，而你的发电机有一套“密封油”系统，但它需要处于工作状态，才能将氢气密封在发电机内部。

最后，还有一套单独的涡轮机油压系统，用于打开液压截止阀和调节阀。由于这些阀门运行时非常热，它们必须使用特殊的油，这通常被称为“耐火液”（Fire Resistant Fluid，FRF）。本书彩色插图 1.6 展示了在你准备开始转动涡轮机并利用蒸汽之前，所有你需要投入利用的涡轮机支持系统。运气好的话，在你驱动你的反应堆功率上升至低功率时，支持系统应已准备好，涡轮机也正在待命……

13.3　转起来

随着你的涡轮机的主轴缓慢旋转，且其支持系统现已投入使用，你需要做的就是完全打开涡轮机的截止阀，然后仅仅将调节阀打开一点点。让不到全功率时蒸汽量的 0.5% 的蒸汽进入涡轮机，就足以让它加速起来。你需要将它从盘车速度（每分钟几十转）一直提高到每分钟 1,500 转的正常速度。当你这么做时，你可能会发现蒸汽排放阀稍微闭合了一点，因为你正在使部分蒸汽进入并穿过涡轮机叶片，但这对反应堆几乎不会产生影响。

你可以将涡轮的每分钟转数提高几百转，但是当蒸汽通过叶片时，涡轮机将会发热，而这可能导致涡轮机摆动以及其内部间隙减小的问题。涡轮机是巨大的机器，所以通常会有一些你需要慢慢改变的速度范围，以及另一些你需要迅速改变的速度范围——这取决于你的操作流程。

一旦你使涡轮机达到全速运行，并且如果这台涡轮机有一段时间没有运行了，那么可能要对它进行“超速测试”。如果你让涡轮机速度进一步提高（比如说，再提高 10% 左右），涡轮机应该会“事故停机”，同时截止阀和调节阀将迅速关闭，以避免涡轮机因旋转得太快而受到损坏。你的涡轮机的超速事故停机事实上非常重要：如果涡轮机突然断开与电网的连接，而截止阀和调节阀仍然打开，涡轮机将加速至故障为止——后果可能是灾难性的。超速事故停机可以防止这种情况发生。

当你完成超速测试后，你可以重置事故停机，打开截止阀和调节阀（只是一点点），然后将涡轮机转速调回到每分钟 1,500 转。

13.4　同步

目前，你仍然没有产出任何电力，因此现在是时候更加仔细地关注发电机了。正如我已经提到过的，你的发电机分为两个主要部分：“定子”（因为它不会旋转，是静止的）和“转子”（旋转的部分）。二者均用铜条以复杂的排列方式包裹。定子的某些铜条之间有水流动以便让其冷却。这在转子上是不可能的，因此要用氢气吹过转子，然后使其通过冷却器，以带走热量。为什么用氢气呢？因为它的物理性质非常适合散热，而且价格便宜。氦气的散热效果也很好，而且还不易燃，但它的价格太昂贵了。

转子上有一道电流流经它，这产生了一个磁场。该电流由连接到同一根涡轮机主轴上的较小的发电机——称为"励磁电机"——所产生。在像你的涡轮机这样的大型涡轮机上，通常需要两级励磁电机：一台小型永磁发电机（"辅助励磁电机"）为更大一些的"主励磁电机"产生一个磁场，后者进而为发电机转子产生电流。

所有这些使得发电机转子既复杂又庞大。在图 13.1 中，你

图 13.1　发电机转子

可以看到一台发电机转子（来自一台 600 兆瓦涡轮机）在吊入发电机之前接受检查时的情况。这个发电机转子重达 70 吨。

现在概括一下：你现在有了以 1,500 转 / 分旋转的涡轮机叶片，它们与你的发电机转子耦合在一起，因此后者也会旋转。当你打开你的励磁电机时，你的转子将迎来一道很大的电流，而通过该电流将形成一个旋转的磁场。不过，你的定子此时还没有连接到电网，因此你还无法向厂区外输送任何电力。

在你的发机电定子和通往电网的变压器之间有一个快速作用开关（“断路器”），但如果你只是简单地闭合它，情况可能变得非常糟糕。出问题的原因可能是你的涡轮机的转速和电网的频率不完全相同。即使它们是相同的，它们可能并不一致（不“同相”）。记住，你的发电机产生的是 50 赫兹频率、大约 20,000 伏电压的三相交流电。如果你在不同相位或在不同于电网的频率上闭合发电机的断路器，那么作用在主轴上的电力将是巨大的——极有可能会将你的涡轮机损毁……甚至波及涡轮机所在的建筑物。

为避免这种情况，你需要使用同步指示仪。这是一个简单的设备：它测量发电机转子所产生的电流的频率和调准（相位），以及接下来电网供电的频率和相位（在断路器的电网一侧加以测量）。同步指示仪显示了两次表盘上指针所在位置的差异（如图 13.2 所示），在涡轮机和电网状态同步之前，它不会让你合上断路器，因此你需要不断调整涡轮机的速度和相位（通过改变流过叶片的蒸汽量），直到两者完全相符——显示为指针是静止的，且（通常）指针垂直朝上。一旦你处于正确的速度并与电网同相，就可以闭合断路器开关，并将发电机定子连接到电网上。

从现在开始，你的涡轮机将始终保持与电网的电气锁定。如果电网速度（频率）改变，哪怕变化很小，你的涡轮机转速也将同样变化。转子产生的磁场与定子产生的磁场相互推撞，并且不允许你的涡轮发电机以不同于电网频率的速度转动，也不允许涡轮发电机掉出电网的相位。这意味着你不能简单地加速你的涡轮机来产生更多电力。那么，你如何将更多的能量（电力）输入电网呢？

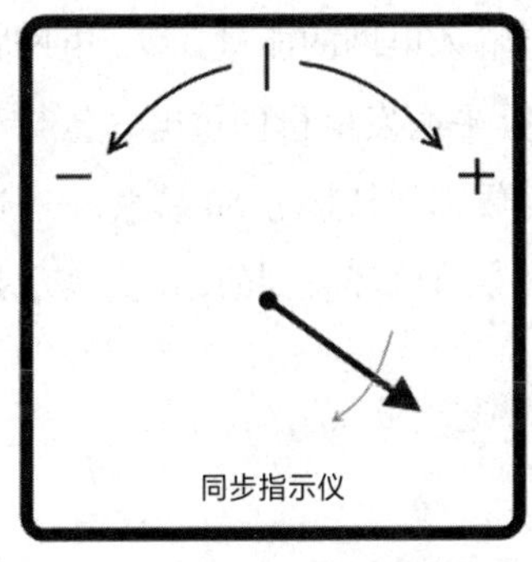

（a）指针转动，指示涡轮机正在以与电网不同的速度（频率）旋转

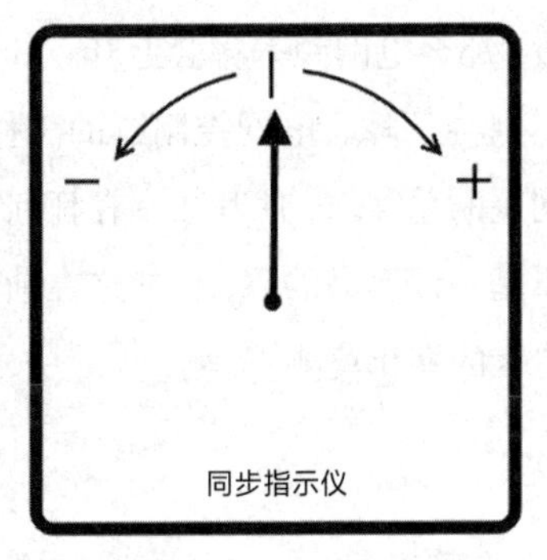

（b）指针静止，指示频率是相同的，垂直位置确认涡轮机与电网“同相”

图 13.2　同步指示仪

你可以通过让更多的蒸汽穿过涡轮机叶片，努力推动主轴和转子转动得更快来做到这一点。你实际上所做的是增加带动发电机转子的主轴的扭矩。由转子产生的磁场随后将推撞定子中的磁场，而这将推撞电网，并努力使连接到电网的所有发电机和设备都转动得仅仅快上那么一点点。这是一个庞大的电网，因此你不会看到任何可测度的变化，但是你仅仅通过这种努力，就把能量送进去了。

顺便说一下，几乎所有电网上的其他发电机都是如此。英国各地的所有涡轮机事实上都与你的涡轮机同相并以同样的转速（或是其倍数，取决于它们的绕组方式）旋转。大多数风力发电机也都是与电网同步旋转的。这就是为什么当你观察一座风力发电场时，所有涡轮机都以相同的速度旋转，而且叶片都处于相同的位置（任何与之不同的大概都没有连接到电网上）。就像你的涡轮机一样，由于它们的发电机中的磁场，风力涡轮机与电网的频率锁定并保持同相。

相比电力需求，如果电网上所有发电机总共输入了过多的能量，那么电网频率将会上升。如果输入电网的能量太少，电网频率则会下降。电网控制器的工作是平衡发电机的供电总量与电网上的总需求，使其频率在任何时候都保持接近 50 赫兹——这不是一件容易的事，正如你在前面章节已经看到的，电力需求是多么的变化莫测。

13.5　涡轮机功率上升

当你第一次将你的涡轮机与电网同步时，调节阀将允许刚好足够产生数十兆瓦电力的蒸汽进入涡轮机。与你的 1,200 兆瓦的全功率相比，这并不算多。但是这能确保你的涡轮机持续地推撞电网。如果你不这样做，电网可能驱动发电机，这时发电机就像一台电动机一样——而这样可能导致发电机过热。

你的蒸汽排放阀将关闭一点点，以补偿现在用于驱动涡轮机的蒸汽，然而，蒸汽可能仍在排放。为了关上蒸汽排放阀，你可以提高涡轮机功率（通过稍微打开调节阀），直到你的蒸汽发生器中产生的所有蒸汽都被用来驱动涡轮机。然后，你的蒸汽排放阀将被闭合。现在，你的反应堆和涡轮机在低功率下处于平衡状态，而你终于可以获得（少量）电力作为回报了。

下一步是将反应堆功率和涡轮机功率提高到你的最大功率极限。这个过程不会很快，就像你将涡轮机转速提升到高达 1,500 转 / 分时一样，如果你试图过快地改变其功率输出，涡轮机可能会被损坏。某些涡轮机比其他涡轮机更善于较快地改变功率。你的涡轮机就是一个典型，它能够仅仅以每分钟几兆瓦的速度增加功率。这意味着你需要 5 ~ 10 小时来达到全功率，而且前提是没有任何迫使你进展得更慢的反应堆限制。

现代化涡轮机的调节阀由计算机控制。一旦涡轮机与电网同步，你只需要输入目标负荷（以兆瓦为单位）以及你想要达到目标的速率，计算机将完成其余工作，并实时监控这一过程中的摆动、膨胀以及其他问题。

你已经了解你的压水堆将服从蒸汽需求，那么为了提高反应堆功率，看上去你所要做的只是让计算机操作涡轮机组以增加输出了？不幸的是，这有一点儿复杂，你将在下一章看到。

第 14 章

上升！

14.1 反应堆功率上升

让我提醒一下：当你打开你的涡轮机上的调节阀时，会发生什么。你允许更多的蒸汽进入涡轮机，因此推动叶片、主轴和发电机转子的力量会更大一点。这将在原本的频率基础上推撞电网，因此你将向电网输入更多的能量（电）。一切都非常好，这大概正是你想要的。但此时你的反应堆发生了什么呢？

从蒸汽发生器中提取更多的蒸汽，将导致蒸汽压力下降。这造成了蒸汽温度的下降，后者反过来又导致流回反应堆的水温（冷管水温）的下降。冷管水温的下降同时降低了燃料温度和慢化剂温度，结果是反应性出现了上升的反馈。反应堆功率将开始上升，直到它满足蒸汽需求，实现功率和温度的新平衡为止。作为反应堆的操作员，对此你不需要做任何事。

但是你的反应堆目前在“错误的”温度下运行，它不符合预设。在这种情况下，其温度最终将比你需要的温度更低。你的蒸汽温度和压力将不会处于它们的设计值，而这将妨碍涡轮机的有效工作。你需要做的是将反应堆温度升高一点，你可以通过将你的控制棒抽出几步来实现这一点。这样做增加了反应性，使得温度升高（反应性为负），然后达到一个新的平衡——这次是在正确的温度下。你可以让控制系统自动执行此操作，也可以亲自介入，使用你面前的控制棒驱动机构进行手动操作。

14.2　功率亏损

上述操作对于小幅功率变化（增加或减少）是很好的，但是对于更大的变化，例如从非常低的功率一直上升到全功率呢？对此的答案是：操作控制棒不是控制如此巨大的功率变化的方式。

在一座压水堆中，如果你增加功率，你总是会失去反应性。我的意思是：如果你增加功率，燃料和慢化剂的温度都会升高。正如在前面描述慢化剂温度系数和燃料温度系数的章节中你所看到的那样，两者的温度升高都会导致负的反应性。你可以绘制一幅将这两个效应叠加在一起的图，它被称为“功率亏损图”（如图14.1）。

图14.1显示，假定你将反应堆保持在正确的预设温度下，随着你将功率从零增加到全功率，你将失去多少反应性。正如你已经知道的，慢化剂温度系数取决于一回路中的硼浓度，后者又取决于你的压水堆正处于其工作周期的哪个阶段。因此实际上，对周期中的每个点，都有一幅不同的功率亏损图。图14.1是压水

堆大约处于其周期中段时的功率亏损图。你可以看到它是由来自慢化剂温度系数和燃料温度系数的影响共同组成的，而燃料温度系数在这一时间的影响更大一点。到周期接近结束时，慢化剂温度系数的影响将是两者中更大的那个。

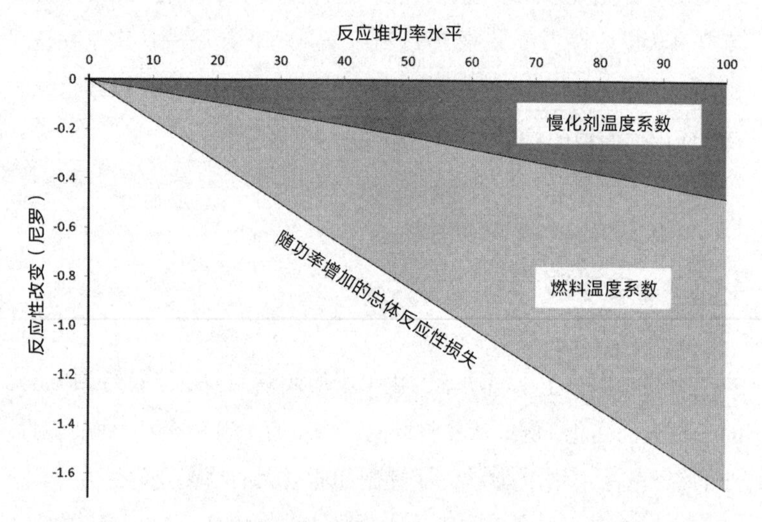

图 14.1 运行周期中段的功率亏损

注意图 14.1 中的刻度，你会发现单位是尼罗（参见第 3 章），因此功率亏损对反应性会有显著影响。所有控制棒加在一起对反应堆的影响（约 8 尼罗）比这要强，但这不会是实际情况，你不能只考虑控制组。请记住，关闭组仅用于关停反应堆；在你的反应堆处于临界状态的情况下，它们将被完全抽出，因此你无法改变它们的位置。仅仅抽出控制组无法增加足够的反应性来克服功率亏损，除非它们是在低功率状态下非常深地插入了堆芯。但即使是这种情况也存在一个问题：控制棒会使反应堆的功率分布发生变化。

14.3　功率分布

图 14.2（a）显示了你的压水堆的能量（由上至下）的全功率分布。这是运行周期中途的功率分布，你的控制棒几乎全部被抽出了反应堆。轨迹中的凹陷所在位置代表你的核燃料组件中格栅的位置（参考第 3 章），因为格栅也会俘获中子。功率分布在接近堆芯底部处略有偏移。这是因为反应堆的下半部分相比顶部更冷——并因此有更多的反应性。反应堆物理学家使用两个术语来描述这一现象，即“轴向偏移”或“轴向通量差”（Axial Flux Difference，AFD），但它们两者都只是对堆芯上半部和下半部能量所占百分比的差异的度量。

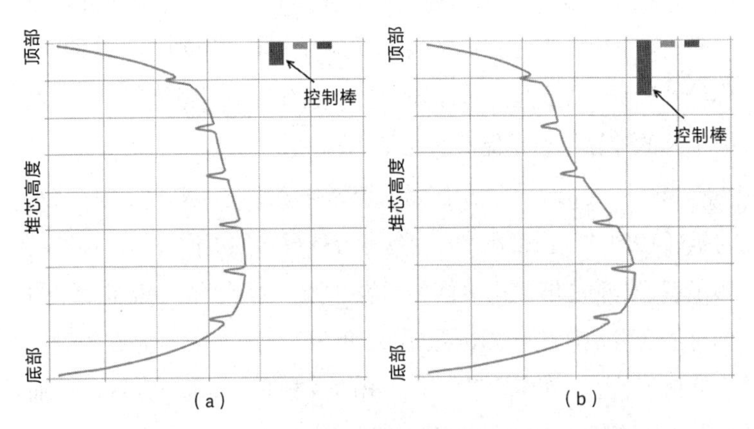

图 14.2　轴向功率分布，控制棒抽出和插入时的情况

比较图 14.2（a）与图 14.2（b）。在图 14.2（b）中，控制组更深地（从顶部）插入反应堆中。由于硼浓度的改变，反应性处于平衡状态，因此你的反应堆正以相同的功率水平运行。但是看看功率分布在接近堆芯底部时偏移得有多么大。推入控制棒可扭曲功率分布，即使总功率水平不变。这意味着你的某些燃料芯块（在堆芯的下部）正在产生相比其功率分布未曾扭曲时更大的功率，因此它们将消耗得更快。更重要的是，这还意味着衰变热将偏向同一些燃料芯块。

如果此时或此后不久发生故障，功率将集中在堆芯的一部分，这使得燃料更可能出现故障。这就是你试图在轴向通量差接近于零——这反映出堆芯的顶部和底部之间功率的均匀分布——的情况下，采取“控制棒抽出”模式运行你的压水堆的原因。

那么，在实践中，如果你不能使用控制棒来弥补功率亏损，你要如何提高功率呢？你可以采用稀释的方式，降低一回路中的硼浓度。只要你开始升高涡轮机的功率（甚至稍早一点），你就向一回路中添加（未加入硼的）淡水。这弥补了随反应堆功率上升，你正因功率亏损而失去的反应性。在整个功率上升期间，你继续稀释，要么是通过监测冷管水温和轴向通量差，要么是遵循堆芯的计算机模型提供的稀释计划。

当你通过化学和容积控制系统添加淡水时，多余的一回路水将被转移到“放射性废物”设备进行处理。如果你对你的堆芯足够了解，你就能够使用表格和图表计算出你需要多少稀释量，但你可能会发现使用计算机将更快、更可靠。你的目标是在预设的温度值下，在控制棒几乎完全抽出的情况下，达到全功率——而这可能需要用数十吨未加硼的水进行整体稀释。

一旦你实现了反应堆和涡轮机的全功率运行，一切就都将稳定了吗？

很不走运，其实不然。要成功地驱动你的核反应堆，你还需要了解一个重要的核物理现象。它是由氙造成的，并且它很不寻常……

14.4　碘和氙

大约 6% 的铀-235 裂变的最终产物为碘-135 。碘-135 会衰变（β 衰变）为氙-135 。正常情况下，氙-135 会衰变成几乎稳定的铯-135。除了释放辐射之外，这一过程相当平静，而且不会对你的反应堆产生直接影响。但是，就中子俘获而言，氙-135 是非常贪婪的。它会俘获许多中子！因此，有时候一个氙-135 原子会俘获一个中子（形成稳定的氙-136），而不是衰变。这如图 14.3 所示。

你的反应堆中存在的氙-135 会俘获一些中子，因此显然会给反应堆的反应性带来负面影响。氙-135 是一种反应堆“毒药”，但是，在你驱动你的反应堆时，氙在功率变化期间的表现对你来说才是重要和有趣的。碘-135 的半衰期为 6.5 小时。而氙-135 的半衰期仅为 9 小时多一点，这样的时间尺度虽短，却足以对你驱动反应堆产生可见的影响，而没有短到只有物理学家感兴趣的程度。

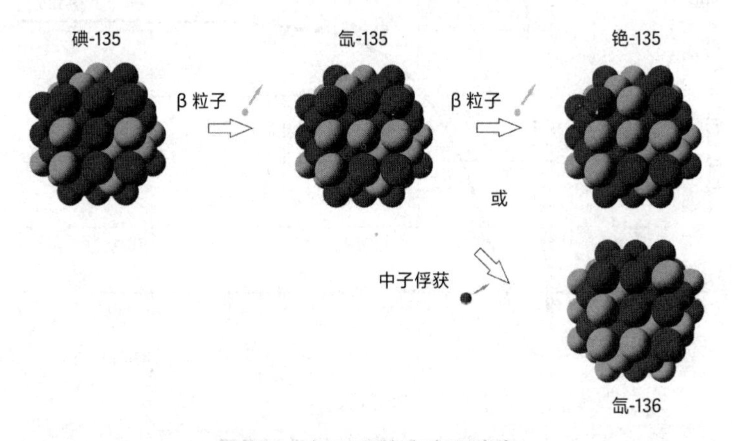

图 14.3　氙-135 的产生和消失

14.5 氙的堆积

让我们从一个已经关停了几天的反应堆展开。在此期间，在以前的操作中可能产生的所有碘-135和氙-135都衰变消失了。你的反应堆中已没有氙了。

现在你启动反应堆……你将开始制造裂变产物碘-135。在接下来的几小时中，一些碘-135将衰变为氙-135。随着你提升功率，你制造碘-135的速度将加快，接踵而至的是氙-135的产生速度的增加。但是请记住，碘-135和氙-135两者都会随着时间的流逝而衰变减少，因此对两者中的每一个，你都将达到一个制造与衰变的速度相同的平衡水平。事实上，对于氙-135来说，情况要复杂一些，它的消失一部分是因为衰变，一部分是因为中子俘

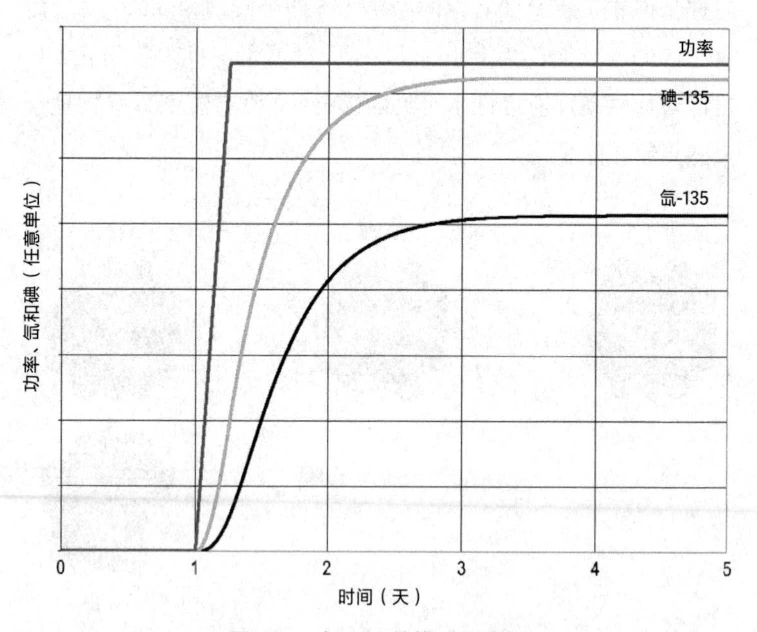

图 14.4 氙-135的堆积示意图

获（变为氙-136）。我们待会儿还会回到这一点上来。

图 14.4 展示了在功率以不切实际的高速（震惊！）由零增加到全功率之后，你的反应堆中的碘-135 和氙-135 浓度是如何随时间变化的！你可以看到碘-135 和氙-135 都达到了稳定水平，氙-135 在时间上落后于碘-135。记住：只有氙-135 会对反应性产生影响。因此，图 14.4 告诉你，即使在你的反应堆达到一个稳定的功率水平后，其反应性仍然处于变化之中。随着氙在接下来的 2～3 天内的累积，你将不得不继续稀释硼浓度（尽管比你提高功率时的力度要小），以抵消来自氙的负反应性。

14.6　事故停堆后的氙

氙在事故停堆后的表现甚至更是一个问题。你可能会以为，当你事故停堆后，氙会简单地衰变消失，但实际并不是这样。氙实际上增加了！在你事故停堆的那一刻，碘-135 的平衡水平与你事故停堆之前的反应堆功率相对应。碘-135 将以简单的 6.5 小时为半衰期衰变消失。但是，这一衰变过程也是氙-135 的产生过程。因此，在一开始，你将以与事故停堆之前一样的速度产生氙-135。

现在考虑去除氙-135 的过程。氙-135 衰变为铯-135 的自然过程将像以前一样继续，但这只是整个情况的一半。你的氙-135 平衡水平也要归功于氙-135 因俘获中子而消失。但是，由于你刚刚事故关停了你的反应堆，因此不再有（或几乎没有）任何中子了，这种自动去除机制也就已经停止。你的反应堆现在产生的氙-135 多于其失去的，因此氙-135 的水平及其对反应性的负面影响都在上升。

其表现如图 14.5 所示。你可以看到，这一结果是惊人的，显著增加了来自氙-135 的负反应性效应。它还会持续一段时间，在事故停堆后的约 20 小时内，你的反应堆都不会回到它的起始状态（就氙-135 对反应性的负面影响而言），在此之后，你将逐渐看到，随着氙-135 衰变消失而出现的改善。

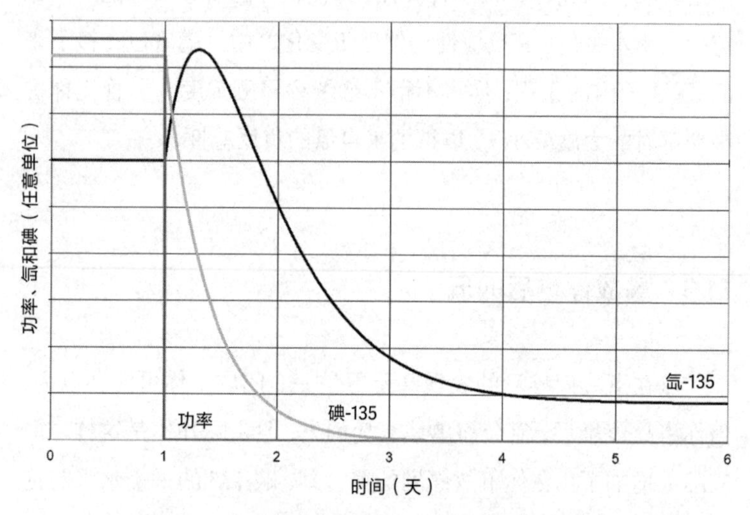

图 14.5　反应堆事故停堆后的氙-135 示意图

在早期的反应堆，例如在镁诺克斯核电站（参见第 22 章）中，反应堆事故停堆后氙的堆积，意味着即使在所有控制棒都完全抽出的情况下，你也无法在事故停堆后 24 小时内达到临界状态。在一座压水堆中，一个运行周期的大多数时间内，你可以通过降低一回路中的硼浓度来恢复反应性。即使这样，如果你试图在事故停堆几天后启动一座反应堆，预测临界点时也必须考虑到氙-135 的短暂存在。它将是一个实时变化的影响因素。

14.7　1 月大减价

在一开始从事反应堆的工作时，有些人会被氙的表现搞得团团转——我就是这样！我见过许多为解释这一问题所做的尝试。例如，用串联的浴缸作示意图——没有一个方法对我来说真正管用。所以，让我尝试用一些完全不同的东西来类比……

想象一家正在进行 1 月大减价的伦敦西区商店。数百人在商店内走动购物，还有更多的人在外面排队。一些在店内的人逛腻了，没有买东西便离开了。另一些人发现了减价商品，购买这些商品，然后离开。如果进入商店和离开商店的人数相等，这一过程就可以很好地平衡。以此类比，商店中的顾客是氙-135，外面排队的人是碘-135，而减价商品代表反应堆的中子通量（功率）。

那么，如果你采取事故停堆，会发生什么？用我们的类比，那就好比所有减价商品突然从货架上消失了，因此没有人能够买到任何东西。人们仍然会离开这家商店，但其中一些人仍然会四处寻找那些难以被找到的减价商品，因此他们的离开速度不会明显加快。减价商品消失的消息也需要一段时间才会传到外面排队的人群中。因此，在一开始，人们仍然会涌入商店，就好像店里存货充足一样。商店就像是你的反应堆，即使减价商品已经消失（中子通量已变为零），商店中的人数（氙-135）实际上还在增加。

最终，减价商品已经没有了的消息会传开，而人们也将停止加入排队的行列（不再产生碘）。随着排队的压力减少，进入商店内的人数（氙-135）将会下降，直到所有人都回家，这一数字变为零。

你可以将相同的类比用在较小的功率降低或增加（减价商品供应量的变化）之上。例如，如果货架上的减价商品数量突然增加（功率增加），则购买减价商品并离开商店的人数也会增加。但是，排队的人需要时间来获悉这种变化，因此在一开始并不会试图尽快进入商店。这意味着离开的人多于进入的人，商店中的总人数（氙-135）总体上会下降。如此类推……

我所讲的不是物理学，但应该会有所帮助吧？

第 15 章

功率，以及如何改变它

15.1 工具包

我已经把所有你需要用来驱动反应堆的工具都介绍给了你。

在一开始，你需要理解反应性的概念（“你的反应堆对中子有多友好”）。

这一概念能够让你了解在一座压水堆的反馈中，燃料和慢化剂的温度是如何随反应性和功率的变化而变化的。由于这是一种负反馈机制，你已经了解到，在你这个操作人员很少或完全不干预的情况下，这如何使一座压水堆保持稳定。

一路走来，你已经了解了如何测量（或计算）反应堆功率，以及你的反应堆可以多么迅速地被关停，尽管你不能随手停止“衰变热”。

作为反应堆启动程序的一部分，你已经了解，当你将压水堆连接到涡轮机时会发生什么。同样，负反馈效应——在这一情况下，是由于蒸汽发生器的压力和温度的变化——对核电站具有很强的稳定作用，并使得反应堆遵循蒸汽需求。

最后，你已经了解了溶解的硼、控制棒、功率亏损和氙-135对反应性的影响。其中前两个由你直接控制，而另外两个是你处置反应堆功率的后果。

15.2　实例：功率显著降低

设想你一直让你的反应堆以全功率运转了数周。它现在正处于一个运行周期的中段。一切都很稳定，控制棒很少或几乎没有移动，而你只需要偶尔稀释一下一回路，以确保冷管水温在其设定值上。

然后你接到一个电话："涡轮机出现了一个问题，你需要降低到 75% 的功率。"

你要怎么做？

很明显，巨大的红色按钮没法帮你　　那将彻底关停核电站。

你可能会急于冲向反应堆控制面板并开始推动控制棒进入。但是现在你可能已领会到，推动控制棒进入堆芯将只会导致功率的暂时下降，因为你仍然会将全部蒸汽送向涡轮机。核电站会冷下来，而功率会直接回到 100%——但远远偏离其温度设定值。

所以，让我们理智一点。如果你需要降低核电站功率，你需要从涡轮机入手。利用控制涡轮机调节阀的计算机将调节阀缓慢闭拢。当你这样做时，只有较少的蒸汽能进入涡轮机，因此电力输出将下降。在理想情况下，你只是以每分钟几兆瓦的速度降低功率，但如果你很着急，也可以每分钟数十兆瓦的速度降低功率，前提是你并不想对整体功率进行太大的调整。

随着调节阀开始闭拢，蒸汽流动变得更受限，因此其上游的蒸汽压力将会上升。这意味着，蒸汽发生器内的蒸汽压力将会升高，带动二回路一侧温度上升，随后冷管水温随之升高。现在，随着燃料温度系数和慢化剂温度系数（或功率亏损，如果你倾向于这种说法）降低了反应性，反应堆功率将开始下降。当涡轮机功率降低时，你的反应堆将响应涡轮机的变化。当冷管温度偏离其设定值时，你的控制棒将介入，提供附加的负反应性，并确保冷管水温不会上升太多。

你正在通过改变你的涡轮机功率来驱动你的反应堆。你已经在第12章中看到了这一点，但是有一个问题：尽管这些反馈机制可以很好地应对功率的小幅变化，但你被要求降低的是整整25%的功率。如果你仅仅使用涡轮机来驱动核电站达到这个状态，你最终需要将控制棒深深地插入到堆芯中。这会扭曲功率分布，因此操作流程可能不允许你这样做。在某些核电站中，控制棒自动控制系统中甚至有内置的限制，阻止控制棒插入得这么深，以免随着功率降低，冷管水温达到一个非常高的水平。

我想你已经猜到了，你还可以通过调整一回路中硼的含量来解决这些问题。那么，让我们回到那个让你降低反应堆功率的电话上来……

15.3 你真正要做什么

与其直接操作涡轮机控制装置，不如先看看上一章的功率亏损示意图。如果你正在将反应堆功率从 100% 降低到 75%，功率亏损将改变约 0.4 尼罗（即，从 –1.6 尼罗到 –1.2 尼罗），或者 +400 毫尼罗的反应性。记住，功率亏损始终对反应性有负面影响，因此，如果功率亏损正在减少，则意味着堆芯总体反应性正在增加。如果你想要通过改变溶解硼的浓度来抵消这一反应性的正向变化，你需要将硼的浓度增加约 60×10^{-6}（–400 毫尼罗除以 –7 毫尼罗，–7 毫尼罗是每百万分之一浓度硼所对应的反应性变化）。

因此，以下是你真正要做的事情：

- 走到化学和容积控制系统的控制面板前，输入 60×10^{-6} 浓度的硼增量的“硼化”（添加硼）值；你的程序将告诉你如何在当前燃耗状态下为你的核电站计算该输入值。现在，设定化学和容积控制系统的控制参数，以使硼化作用在你想要降低功率的同样时间内逐渐发生。
- 在涡轮机调节阀控制装置上设置功率降低值，但目前先不要开启阀门。从化学和容积控制系统到一回路的管道非常长，因此请等待几分钟，直到你看到冷管水温开始下降——这告诉你此时一回路中的硼已经开始增加——然后就可以开始降低涡轮机功率。

现在你将看到的，是反应堆和涡轮机的功率同时降低，同时冷管水温保持在设定值上，而控制棒几乎没有移动。

15.4　控制轴向功率分布

不过，你不能将事情完全交给自动系统。当你降低功率时，堆芯顶部会比底部冷却得更多一点，顶部增加的反应性相对于底部所增更多。这导致功率分布自然向上偏移，给你带来一个更正向的轴向通量差。在操作流程上，大多数核电站对轴向通量差都有严格的限制，因此，不能对轴向通量差的这种正向移动置之不理。

随着功率开始降低，请注意轴向通量差。如果它正向移动得太远，暂停硼化几分钟。随着更少的硼被添加到一回路中，温度将随着涡轮机功率的下降而升高。当冷管水温上升时，你的控制棒将被自动插入以将冷管水温保持在目标值。随着控制棒的插入，轴向功率分布（以及轴向通量差）将被向下推动——带来更多的负反应性。如果幸运的话，你会有一个计算机程序，它会告诉你，为了将轴向通量差保持在限定范围内，你需要暂停硼化多久。如果没有这样一个程序，你只需要仔细监测核电站。你在模拟舱进行的大量练习将有所帮助——不用担心，你的培训部门会提供模拟舱的！

15.5　还有氙

一旦你让反应堆和涡轮机的功率都达到了 75%，工作就全都完成了吗？不，遗憾的是并没有。反应堆功率的变化将让氙-135 水平开启瞬态变化。如果你降低反应堆功率，这有点像是一次微型的事故停堆，正如你可以从图 15.1 中看到的那样。

就像反应堆事故停堆之后一样，如果你降低反应堆功率，你的碘-135 的平衡水平将对应于你降低之前一刻的反应堆功率。碘-135 将从该水平衰变到新的（较低的）平衡水平，但其 6.5 小时的半衰期意味着这不是一个立即的变化。再次提醒，碘-135 的衰变过程是氙-135 的产生过程。因此，在一开始，你将以与功率下降前相同的速度产生氙-135。

氙-135 的自然衰变将像以前一样继续，但是与 100% 功率时相比，此时只有更少（只有 75%）的中子在四下飞行。这意味着氙-135 通过中子俘获而被消除的情况将减少。因此，就像反应堆

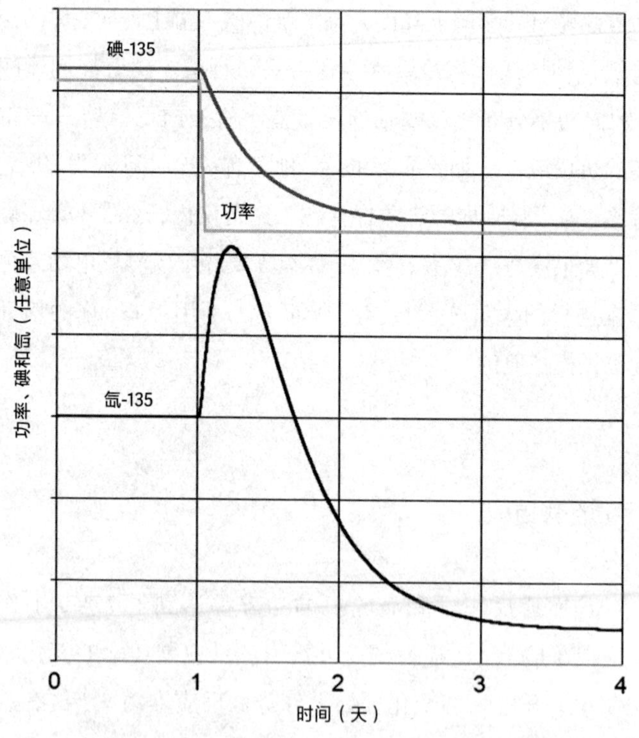

图 15.1　氙-135 随反应堆功率降低而变化示意图

事故停堆之后一样，你的反应堆将产生比失去的更多的氙-135，氙-135 的水平及其对反应性的负面影响在一开始是上升的。

与反应堆事故停堆不同的是，这不是故事的结局。氙-135 的水平将下降，并稳定在一个新的较低的水平上。这需要多长时间，以及在一开始氙-135 含量会升高多少，都将取决于功率降低的速度有多快，以及程度有多深。作为反应堆操作员，你必须在功率降低后的十几小时内安然度过这一“氙瞬态”。在实践中，这意味着一旦你完成降低功率的硼化工作，就不得不为了氙的升高而开始稀释。几小时后，你将再次进行硼化，直到一切变得平稳为止。

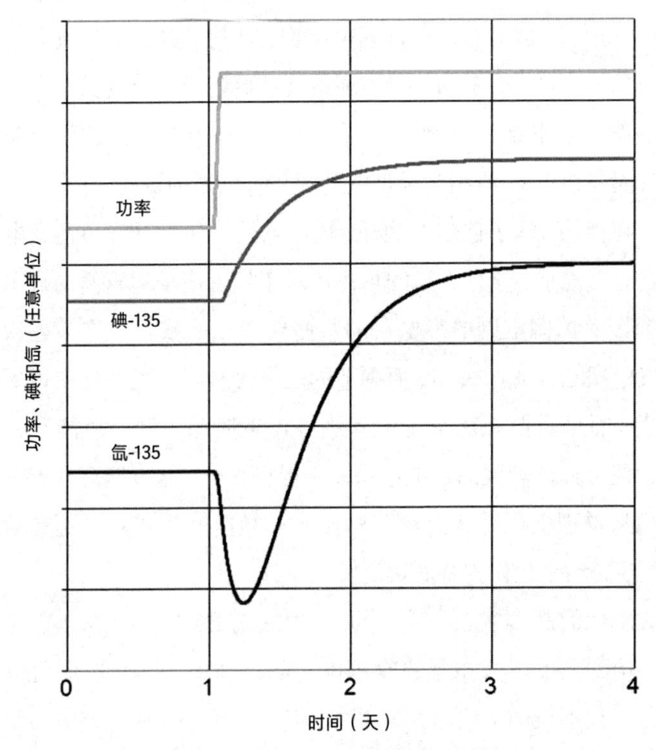

图 15.2　氙-135 随功率增加而变化示意图

当要恢复到 100% 功率时，你不得不再次经历与之相反的整个过程，这一次氙-135 含量（随着功率上升，其产生量小于失去量）在一开始是下降的，然后是更长时间的升高（如图 15.2 所示）。

15.6 灵活运行

如果你以全功率稳定运行，那么你的压水堆是最容易驱动的。世界上大多数的压水堆都以这种方式（作为“基底负荷”发电机）运行，因为它们被嵌入电网中，且它们的供电量仅占电力供应的一小部分。这样一来，那些可以更轻松地改变其输出的其他类型的发电站——例如燃煤发电站、水力发电站和联合循环燃气涡轮机——就担起满足电网的实时供需的责任。

在英国，除了偶尔的例外，核电站始终作为基底负荷发电设施运行。然而，这种轻松的角色（对于核反应堆运营商而言）正受到接入英国电网的发电机的某些新变化的威胁。许多大型燃煤发电机已经永久关闭，而剩下的也寿命有限。天然气变得更加昂贵，而且目前在该系统中利用可再生能源（例如风能和太阳能）但可控性较低的发电厂明显变得更多了。这可能意味着——无论从物理上还是从商业上来看——核电站都将被迫更灵活地运行，而不是只作为基底负荷发电设施。

幸运的是，这方面有一个强有力的先例：法国。法国有超过 50 座压水堆，其发电量占全国电量的近 80%。尽管它们可以向邻国（包括英国）输出大量电力，但他们无法让所有核电站每时每刻都保持全功率运行。其中一些不得不灵活运行。

从最简单的角度讲，这意味着法国的一些压水堆将应其电网控制系统的要求，每天有几小时（或更可能是一整夜）要降低约 50% 的功率。为达到这一要求，它们接下来要经历的操作与你在上文中刚刚实施的相同。更严重的是在周末，当电力需求处于最低点时，一些法国核电站可能会被要求完全关停几天，然后重新启动。对一座压水堆而言，这并不困难，特别是提前几小时接到通知的话。但是，这会增加放射性废物的产生（由于额外的硼化和稀释），并且由于要经受温度和压力的变化，核电站的用损也将加剧。

在一个运行周期的一开始或末期时改变压水堆的功率，往往会更困难。在一个周期开始时，核燃料还没有稳定下来。因此，如果功率迅速改变，反应堆更容易发生故障。在一个周期末期时，需要相对大量的水用于稀释（从硼含量较低的水平开始时，改变同样的硼浓度，需要更多的水）。不过，如果你的压水堆数量足够多（例如在法国），那么，运营商可以选择让哪些核电站灵活运行，哪些核电站用作基底负荷发电机，从而避免上述问题。

法国的一些压水堆具有一个便于灵活操作的设计特征："灰棒"。我在前文中介绍过，你的压水堆中的控制棒是如何由银、铟和镉的混合物制成的。以中子的视角来看，这一成分，连同其尺寸和几何形状，使它们看起来像一个"黑色吸收体"。换句话说，任何进入这样一条控制棒的中子都将被俘获（这一类比借用的是光学中"黑色"表面捕获或吸收光的特性）。

在法国的某些压水堆中，在一定比例的控制棒的棒体中，银铟镉合金被替换为不锈钢。就中子而言，这些棒体只是颜色呈"灰色"，它们允许一些中子逸出。为什么要设计这样的控制棒呢？因为它们可以被更加轻松和快速地插入堆芯中，能在一定程度上降低反应性，但又不会显著扭曲功率分布。换句话说，灰棒可以在功率变化中替代（或减少）稀释和硼化的作用。

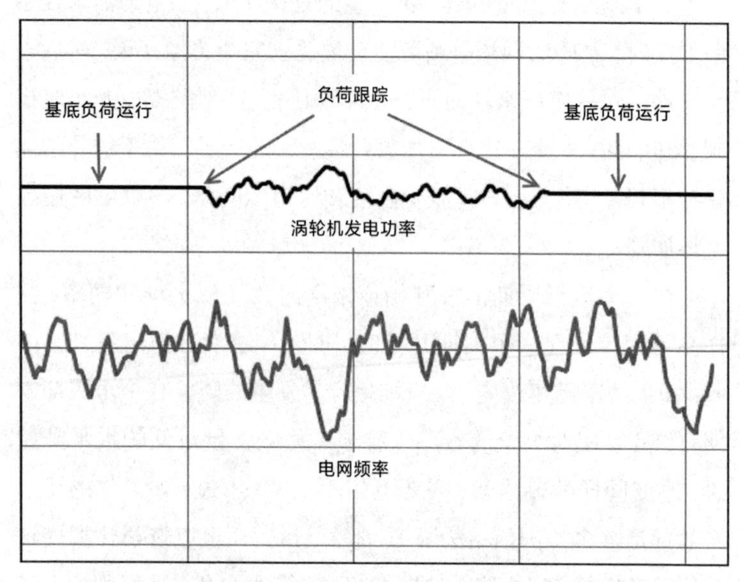

图 15.3　涡轮机的基底负荷运行和负荷跟踪运行示意图

15.7　负荷跟踪

在英国，塞兹韦尔 B 核电站没有灰棒，因此只能如上文介绍那样使用其黑棒和硼浓度变化来改变功率水平。不过，塞兹韦尔 B 核电站有限的灵活运行，被设计为通过涡轮机调节阀中的“负荷跟踪”控制装置来实现。如果有需要，它可以对电网频率的小幅变化做出响应，同时反应堆功率将在一个（相对）较低的范围内跟从涡轮机的功率变化。当电网频率上升，调节阀会稍微合拢；当电网频率降低时，则会稍微打开。涡轮机功率因此会以这样一种——倾向于将电网频率在以分钟计的时间尺度上拉平——的方式变化（如图 15.3 所示）。有限的范围意味着核电站的用损不会太显著。

英国正在建造的更现代化的压水堆——例如欣克利角 C 核电站的那些压水堆——通常包含灰棒，以便在电网中的发电机组合持续改变的当代，更容易进行灵活发电。

15.8　目光长远

你作为一名反应堆操作员，灵活运行、改变功率或更频繁地关停和启动核电站，都将使工作变得更加繁忙。做这些事情的需求来自外部，来自当代电网中的发电机组合的改变，或者是来自于商业压力。一名 20 年前的反应堆操作实习生可能不会想到会有这么多事要干。这里的教训是，如果你计划让你的压水堆运行 60 ~ 80 年，你不能指望一切一直都与你设计的保持不变，或者一切都只按照设计的方式运行。

让我给你举个例子：在镁诺克斯核电站（参见第 22 章），通过按下反应堆事故停堆按钮，在接近全功率的状态下关停反应堆是常规操作。在每个核电站中，这一做法可能每年会被用上一到两次（我曾经被允许用这种方法在 900 兆瓦功率的状态下事故关停了一座反应堆）。但是不久前，我遇到了镁诺克斯核电站的一位设计者，他问我，“紧急关停按钮”是否曾经被使用过……当我这样解释时，他有点儿惊愕。

第 16 章

功率稳定就无事可做了吗？

16.1 安静？

现在，你的反应堆正在以全功率运行。温度处于目标值，而氙也达到了平衡状态。你的核电站正在产出超过 1,200 兆瓦的电力，大约为英国平均电量需求的 3%。

控制室里到底有多安静呢？

让我们先花点时间考虑一下，为了驱动你的反应堆，可能要涉及多少自动化操作。

首先，如你已经了解的，由于温度反馈效应，你的压水堆是内在稳定的。这导致了“反应堆遵循蒸汽需求”。因此，如果你的涡轮机获取的蒸汽量是恒定的，那么这将使你的反应堆功率保持在一个恒定的值。我等会儿要细说这个，因为它并不像听上去那么简单，但你的第一猜想很可能是这根本不涉及许多的自动化操作。

16.2　燃烧中

随着燃料消耗，你的反应堆每时每刻都在变化。随着裂变发生，铀-235 在反应堆中将会持续减少。一些钚-239 将被制造出来，但其中一些钚-239 也将发生裂变。因此，可裂变的原子核的数量将持续下降。更重要的是，你的燃料芯块将会积聚裂变产物，其中一些（例如氙-135）会俘获中子。当你考虑所有这些效应时，你应该很清楚，燃料的反应性会随着时间的推移而持续下降，但反应堆仍然处于临界状态——它正以全功率运行以满足蒸汽需求——那么，是其他什么东西正在改变，从而防止了反应性总体趋于负向呢？答案是温度。如果你什么都不做，反应堆温度（冷管水温和热管水温）将缓慢下降。这种缓慢的温度降低弥补了一些反应性，刚好足以维持核电站运转，而且我的意思是它确实很慢——整整一天，温度的下降可能还不到一度。

为实现最大效率，你的反应堆及核电站的其余部分被设计为在特定的温度和压力下运行。你的压水堆中有一套自动系统被用于纠正这种温度的下降——通过移动控制棒。如果控制组被撤出仅仅一到两步，反应性的增加将体现在堆芯中，而温度也将回到其设定值。对于作为操作员的你而言，这种控制棒的移动——可能由警报、其他声音或可视的提示信号加以指示——指示的是反应性发生了改变。

使控制棒自动移动的这个系统——你可以将它称为“反应堆温度控制系统”（Reactor Temperature Control System，RTCS）——是让反应堆操作员的工作变得更加轻松的第一个自动控制系统（如图 16.1）。但是请记住，反应堆温度控制系统将在瞬态、故障时以及稳定功率下运行。对于其中某些故障，这套系统可降低其严重性；但在其他一些故障中，反应堆温度控制系统可能会使情况更糟！

不幸的是，控制棒从堆芯中向外移动也会导致功率中心向堆芯的顶部移动。轴向通量差将变得更为正向，并且最终可能会超出限制值。还有一个问题是，你可能是从控制棒已经抽出了许多的情况下继续抽出，因此已没有什么可供抽出的余地了。你需要通过其他方法来获得一些正反应性，而且你当然能够通过减少溶解在一回路中的硼含量来实现这一点。如你在前面的章节所了解到的，这是通过化学和容积控制系统完成的。

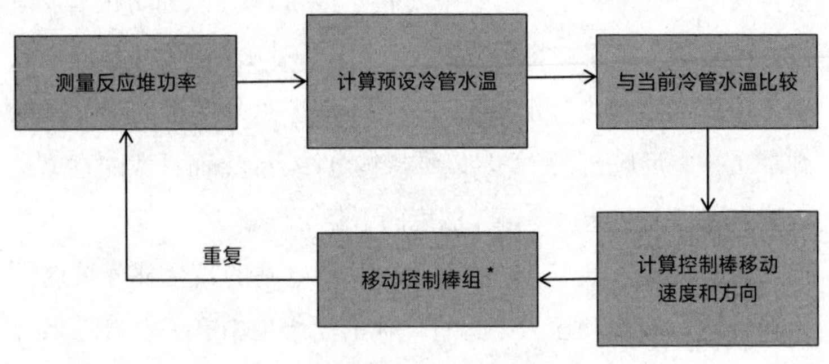

图 16.1　反应堆温度控制系统

第 12 章中硼的“泄落曲线”向你展示了为补偿燃料的降低的反应性，硼浓度在一个运行周期是如何降低的。平均每天降低 $2\times10^{-6}\sim3\times10^{-6}$ 的硼含量是典型的操作，由操作员每天进行几次稀释来实现。在接近一个周期的结尾时，需要逐渐添加更多的淡水以降低已经很低的硼浓度，操作次数也会增加。

通常，在压水堆中，化学和容积控制系统只是半自动化的。如果它们是全自动化的，出现故障时，就会有很大的风险引发反应性大幅度的恶性变化，以及核电站的事故停堆。因此，如果要稀释出一回路中的部分硼，你需要为化学和容积控制系统设置一个注入淡水的期望值（或“批量”），然后再让其运行，同时监控水泵和阀门是否均按计划运转。随着水被泵入一回路中，你将看到温度的恢复，而且此时你就可以检查稀释是否如预期那样停止了。

16.3　一回路

作为操作员，你还将负责控制另外两个主要的一回路参数：压力和水位。

你应该还记得，在稳压器中有一个蒸汽泡，水位在其之下。那么，是什么决定了这一水位的高度呢？许多人（错误地）猜测它受到一回路压力的影响。事实上，即使在这样的温度和压力下，液态水也几乎是不可被压缩的，因此一回路压力的小幅变化不会通过水位变化反映出来。是其他两个因素决定了水位如何变化：一回路温度及化学和容积控制系统的流量平衡。

稳压器中的水温本身相当稳定地处于 345℃左右，这是水在 155 巴压力下的沸腾温度。但是，一回路其余部分的水温则与反应堆功率密切相关。在零功率下，堆芯里只产生衰变热，一回路中的平均水温将略高于 290℃。另一方面，在全功率下，冷管水温约为 290℃，热管水温约为 325℃，平均温度将升至接近 310℃。尽管水几乎不可能被压力压缩，但它仍会随着温度变化而膨胀或收缩。随着温度升高，它会膨胀到哪里去呢？此时水会向上（沿波动管移动）进入稳压器。因此，稳压器内的水位自然会随着你提升功率而上升，随着你降低功率（或事故停堆）而下降。这是一个显著的效应，水位改变的高度可能会高达你的稳压器的一半高度以上。

我在前文说过，影响稳压器水位的第二个因素是化学和容积控制系统的流量平衡——“泄落”进入化学和容积控制系统的水流与通过上水流量和反应堆冷却剂泵密封被泵回的水流之间的平衡（如果你不记得化学和容积控制系统了，请回看第 7 章）。在你的压水堆中，有一个可以改变上水流量以保证这一切处于平衡状态的自动控制系统（如图 16.2）。如果稳压器水位（对于当前功率水平）太低，则上水流量会增加，直到其回到正常水位。如果水位太高，则上水流量减少，让水位回落。这一过程很缓慢，而且如果你愿意，你可以选择手动控制。

在一回路中，你直接控制的最后一个参数是压力。如果你想要稍微提高压力，可增加稳压器的电加热器的功率。这将令稳压器中的水多蒸发一点，从而增加蒸汽气泡中的压力，进而增加整个一回路中的压力。如果你想要稍微降低压力，只需关闭加热器电源即可。如果你需要更快一点地降低压力，可打开为稳压器供水喷嘴的阀门。该喷嘴的水取自冷管，因此其温度低至约 290℃。这些水很容易将部分 345℃的蒸汽冷凝，从而降低蒸汽气泡中的压力。相比调节加热器，这样操作更快，效果也更明显，所以请谨慎执行！

在你的压水堆中，加热器和喷嘴阀门均可由自动控制系统驱动，以保持一回路中的压力处于期望值（如图 16.3）。这个值通常是恒定的，约为 155 巴，但在核电站升温和冷却期间可能会有所变化（参见第 21 章）。在图 16.3 中你可以看到，在正常工作压力下仍需要小规模地加热，以补偿为保护阀门不受热冲击而不断流经喷嘴阀门的涓涓细流所带走的热量。

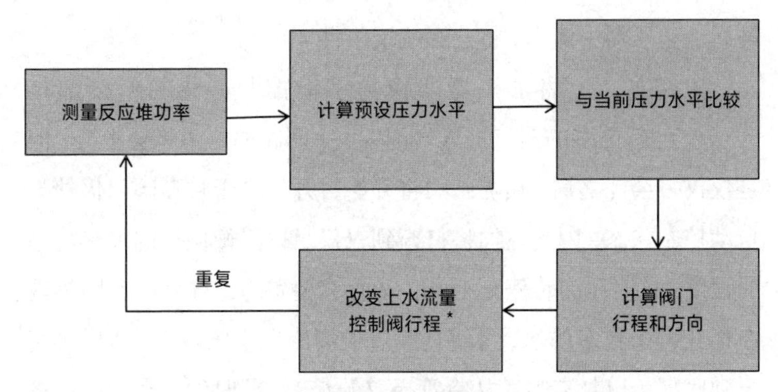

图 16.2　稳压器水位控制系统

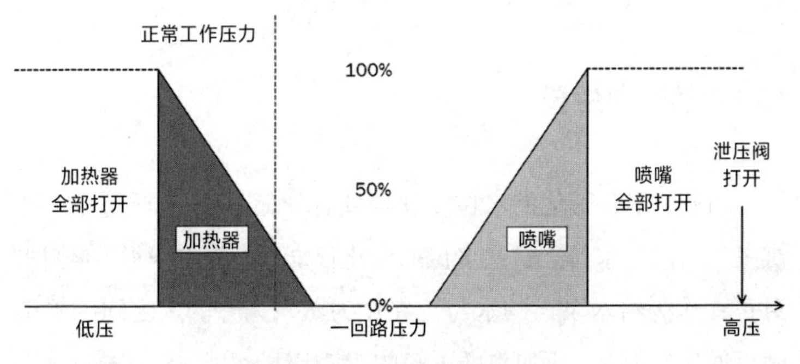

图 16.3　稳压器压力控制系统

最后，值得注意的是，某些压水堆中有操作员可以从控制室打开的排气阀或泄压阀。如果你的设备中拥有这些阀门的话，这也可以作为你使一回路压力迅速降低的另一种方法。

作为一名经验丰富的操作员，如果你正在改变一回路的硼浓度，这里有一个你可以采用的诀窍。如果你正在大幅改变硼浓度，那就存在一个风险，即稳压器中的水可能仍然是处于“旧”的硼浓度的水。这可能随后让你大吃一惊，因为如果水在事故停堆后从稳压器中流出，将会影响反应性。

诀窍如下：将加热器切换为手动控制并将它们全部打开……随着更多的蒸汽进入气泡中，一回路的压力将会上升，但是仅仅一会儿之后，喷嘴阀门将开始打开。由于喷嘴阀门仍处于自动控制状态，因此它们将打开到仅仅足以平衡额外的加热功率的程度，这时压力将停止上升。为什么要费力这样做呢？因为现在你获得了更多的水，可使其经过喷嘴流到稳压器中，然后再流出到底部（以补充喷嘴从冷管提取的水）。此时你正在积极地将稳压器中的水与一回路中其余部分的水混合在一起，因此稳压器中的水不是处于“旧”的硼浓度的水。

16.4 蒸汽发生器

当然，还有其他的水位变化需要你留意——包括每一个蒸汽发生器内的水位。这些水位的变化很复杂。简单来说，它们将对正在作为给水泵入的水与正在作为蒸汽离开的水之间的平衡做出回应。但是，正如你已了解的，它们还会以瞬态方式对蒸汽需求的变化做出回应。如果你突然提取更多的蒸汽，蒸汽压力和每个蒸汽发生器中的压力都会下降。随着这些压力下降，以蒸汽与水的混合物形式存在的蒸汽气泡将会膨胀，导致水位在一开始出现上升。之后水位开始下降，因为更多的水被以蒸汽的形式除去了，这超过了作为给水而泵入的水量。

正如我所说过的，这是很复杂的，并且据我所知，没有任何人会通过手动控制蒸汽发生器的给水流量来操作一座大型压水堆。你的压水堆有一套通过改变给水阀门行程和泵水速度来控

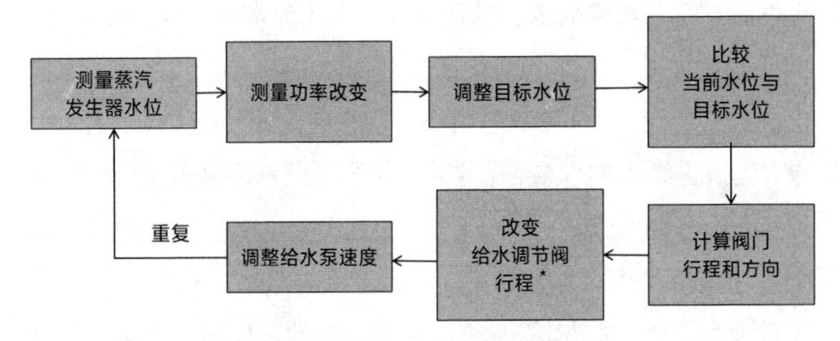

图 16.4　蒸汽发生器水位控制系统（一个蒸汽发生器的情形）

制给水流量，从而控制蒸汽发生器的水位的自动系统（如图 16.4 所示）。该系统通过功率测量仪器来获得反应堆的功率、温度和压力等信息，因此，它可以在所有的复杂情况下控制蒸汽发生器水位。即使是这样，蒸汽发生器水位还是会在瞬态或故障时迅速变化，而且如果它变得太高或太低，超出了一个非常狭窄的可接受范围，就将导致反应堆事故停堆。

16.5　蒸汽需求

在这个关于“稳定功率”的章节中，我们视蒸汽需求为固定不变的。实际上，蒸汽需求也往往会略微浮动。

你的涡轮机将在自动控制（“基底负荷”）下运行。你所要做的就是设置一个以兆瓦为单位的期望功率输出，这样一来，允许蒸汽进入涡轮机的调节阀就将受到控制，以保持向电网的恒定电力输出。

但是，电网频率并不像我们所希望的那样一成不变。相反，电网频率总是变来变去。虽然幅度不大（通常小于 0.1 Hz），但即使是这样微小的频率变化也会对你的核电站产生影响。随着电网频率的变化，你的涡轮机的速度将会改变，你所有的大型水泵，包括主海水抽水泵、给水泵，甚至反应堆冷却剂泵，它们的速度都会发生变化——任何一个变化都会影响核电站的整体效率。使事情变得更加复杂的是，随着流经给水加热器中的给水流量发生变化，加热水所需的“废蒸汽”的量也随之变化。这将影响剩下去往涡轮机以产生电力的蒸汽的总量，因此这对效率将有另一种影响！

在控制室中，要保持稳定的反应堆功率，你会经常发现，无论增或减，你都不得不以几兆瓦为基础来调整涡轮机功率。你会注意到，在电网的总需求较低时（例如在晚上，频率稳定在连接的设备较少的情况下）或需求正快速变化时，这种情况尤其常见。这是你无法控制的，因此，你不得不习惯它。

16.6 你可能还需要做什么？

如你看到的，有许多自动控制系统供你调遣，因此你可能会认为你有很多空闲时间？然而，你正在运行的是一个可能有 200,000 个设备元件的核电站，其中许多是并不直接参与产生电力的安全设备，它们因此处于待机而不是运行状态。确保它们在你需要时可以正常工作的唯一方法是对其进行测试。你的许多工作时间都花在调试水泵、阀门、冷却设备和保护系统上。当然，你不仅要调试这些设备，还要测试其性能，记录你发现的问题，并警示工程师任何看似会出问题的情况。

这里需要保持一个平衡。如果进行的测试太少，你会对理应正常工作的设备缺乏信心。然而，进行太多测试本身又会导致设备磨损，并且有时在测试过程中可能会出现错误，使得设备不再可用，而操作员对此并不知情。测试并非没有风险。你可能会发现，你的核电站所遵守的监管机构的规程中包括某种测试进度表。因此，作为一名反应堆操作员，你别无选择，只能按照规定的进度表进行测试，不然核电站将被关停。

不只是设备需要测试。自动系统会保护你的核电站，并会在核电站超出预定情况时关停它。但是，你不希望这种情况发生！因此，你将花费大量的时间监测核电站并纠正任何看起来可能发生的错误。一名优秀的操作员要让核电站既安全又稳定地运行，从而避免出现瞬态或发生昂贵的关停。

东西总会出故障。每一天，核电站的 200,000 个设备元件中总有一个会坏掉，这就是为什么每种设备元件你都有两个或四个——因此，你（几乎）总是能够承受一个元件出故障的结果，而不会造成问题。当然，许多这些设备仪器也都将按计划接受定期维护。你会定期保养你的车，以减少其出毛病的可能性，对于你的核电站中的设备也要如此。你不只是与其他操作员一起工作：在核电站的使用寿命内，还需要有维护人员、工程师、规划人员和设计师来更换过时的设备；核电站还需要物理学家、化学家、辐射防护专家、安保人员和其他人员。任何时候在控制室内可能总是不止一个人，尽管他们可能并不是很忙碌，但是会有数百人同时在保障你的核电站安全地运行。

让我们停下来思考一下，在建立反应堆运行流程、操作规程和人员培训时要花多少费用，才能使所有这些行为都以正确的方式发生。当行业内部或外部的人们谈论“可靠的运营商”时，意思并不是一个可以做到所有这些事情的个人。这也是即使一些国家做出了发展核能源的明确决定，往往也需要花费很多年才能使核工业运转起来的原因之一。

16.7 预测临界状态

设想你正在以全功率运行你的反应堆……而它事故停堆了。正如你在第 11 章中看到的那样，反应堆事故停堆很偶然，你需要知道下一步该怎么做。在这个例子中，我们假设事故停堆的原因已找到并得到迅速纠正，因此现在你已准备好重新启动你的反应堆。从前文中你学到的事情之一是，根据一回路中的硼含量和控制棒抽出状态（并且可能还有其抽出时间），你会获得一个反应堆何时会达到临界状态的预测。我可以简单地告诉你，这是由一台计算机算出来的，但一名优秀的反应堆操作员自己就能计算出来！

如果你一直在密切地监测你的反应堆，那么在事故停堆之前你就将获得（或已记录了）如下数据：

- 反应堆功率水平。
- 一回路中的硼浓度。
- 控制棒的位置。

然后，你只需要得出反应堆事故停堆的时间和你准备将反应堆重新带回临界状态的时间即可。

尽管不在上面的清单上，但你很肯定的事情是，在你事故停堆之前的一瞬间，反应堆处于临界状态。换句话说，在你事故停堆前，所有对反应性的影响都相互抵消而总和为零。如果你能找出自事故停堆前一瞬以来，什么发生了变化，那么你预测下一次临界状态的工作就已经完成了一半了。

那么，什么变化了？

首先，你事故停堆了！这意味着所有控制棒都在重力作用下掉入了堆芯，因此控制棒对反应性的作用从很小的负向（比如说 –20 毫尼罗）变为了非常大的负向（可能是 –8,000 毫尼罗）。

接下来，你会想起第 14 章的内容，随着温度在反应堆功率起落时的变化，反应性会随之变化——功率亏损。当你提高功率时，作为一种对反应性的影响，功率亏损逐渐变得越来越负向。如果你事故停堆，这些反应性就全都恢复了，正向影响约为 1,500 毫尼罗（取决于因慢化剂温度系数值的改变而导致的堆芯燃料消耗）。

事故停堆后的氙瞬变会导致另一个重大变化的发生（第 14 章），而这就是使你的临界状态预测变得依赖于时间的原因——至少在一开始是这样。如果你不准备在三天或更长的时间内启动反应堆，那么你可以假设事故停堆后产生的所有氙都将衰变消失。氙的消失将为你的堆芯增加约 2,000 毫尼罗的反应性，并使计算更加简单，亦即，氙对反应性的影响的改变将停止。

你可能会试图更快地启动反应堆。如果你在事故停堆后约 20 小时之内让反应堆重新达到临界状态，氙含量会比事故停堆前更高，因此会给反应性带来负向变化。在此之后，氙将会衰变消失，反应性将发生正向变化——在任何一种情况下，它都将随时间而变化，因此你需要做动态预测！

你可以在图 16.5 中看到所有这些效应。左侧是事故停堆瞬间对反应性的各种影响。图的右侧是在你想要使反应堆进入临界状态时同样存在的这些影响——在此假设已经超过了这个时间点 20 个小时，那么氙正基于事故停堆后的水平衰变消失。为简单起见，我们还假设硼的浓度从事故停堆那一刻以来一直保持不变。

根据下面这张图，你可以轻松地抽出控制棒，直到反应堆达到临界状态。但不幸的是，你可能会将控制棒移至某个在提高功率时，会对轴向通量分布产生不利影响的位置。根据对压水堆运行的经验，你可以选择一个你知道不会在后来带来轴向通量分布问题的控制棒位置，然后使反应堆达到临界状态。这就是控制棒的临界状态选点。

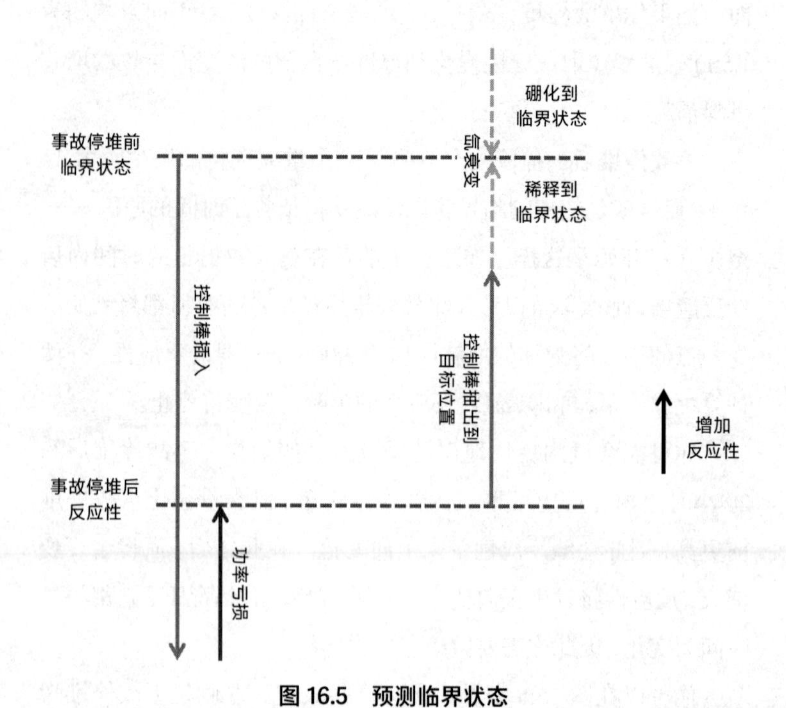

图 16.5　预测临界状态

当然，针对压水堆还有另一种控制反应性的方法：硼。注意图 16.5 中临界状态下方虚线代表的“差距”。我将其表示为负向的差距——它意味着在预计达到临界状态时，你的堆芯没有你想要的那么多的反应性。你可以计算出，要使堆芯的反应性回到零，你需要对一回路中的硼含量进行多少调整（在这种情况下是稀释）。

比如说，如果差距为 –100 毫尼罗，那么这意味着此时堆芯的反应性比你需要的少 100 毫尼罗。如果你减少硼含量以使反应性增加约 100 毫尼罗（减少约 15×10^{-6} 的硼），随后“差距”将消失，而你将能够达成你的目标。这种“差距”也可能是反向的，即正的反应性，由临界状态上方虚线代表。这提示你有过多的反应性，而你不得不进行硼化以抵消它。反应堆事故停堆后的氙瞬变的性质也是这样的，以致可以产生正或负的“差距”，但无论哪种情况，只要经过计算，你就可以通过调整硼含量和抽出控制棒来达到目标。

当然，如果你没有对事故停堆前各项数据的良好记录，或者氙已经处于复杂的瞬态状态，那么你可能无法手动进行计算。因此，你不得不依靠计算机。无论哪种情况，如你已认识到的，你总是需要谨慎地抵近临界状态，以防你对临界状态的预测是错误的。

第 17 章

一切为了安全

17.1 面试

如果你在面试将加入你的核电站的人员，你可能想要尝试问这个问题：

“它安全吗？”——仅仅是这个问题，没有其他。

估计面试者会犹豫一下，并在内心挣扎该如何诚实地回答这个问题。“是”和“否”都不是令人满意的答案。如果他们说“是”，那么要么是因为他们没有做任何研究，要么是因为他们认为这是你想要听到的答案。如果他们认为答案是简单的“否”，那么他们到底为什么想要得到这份工作？！

更好的答案是以“是，但是……”开头。

包括你的压水堆在内的核电站的设计均以安全为重中之重，但这并不意味着它们完全没有风险。核电站的工作人员就安全性和风险两者都可以开诚布公地谈论。在本章及后面的章节中，你将了解这种态度对一个运行反应堆的人来说有多么重要。但是首先，我需要介绍“安全档案”的概念。

17.2　建造一座桥梁

设想你接受了一份设计公路桥梁的工作。显然有些设计决策在一开始就已经定下来了：

- 它将有多长、多高？它将有多少条车道？
- 你将用什么材料来建造它——钢材？混凝土？木材？
- 你将使用哪种基本设计思路——拱？箱梁？悬索？斜拉？

现在，我需要你考虑一些实际问题：

- 你的桥梁将有多坚固？根据你的设计，它可以承受满载静止的汽车吗？承载 40 吨的货车如何？满载静止的卡车又如何？
- 异常负载呢？你的桥梁是否可以承受 150 吨的电力变压器被载运通过？还是说这需要另寻路线？
- 桥梁的根基需要多深才能支撑桥梁？你挖这些根基的地方的岩石或土壤情况怎么样？

接下来环境因素也要纳入考量：

- 随着温度的变化，混凝土和钢材的性能会发生变化。那么你的桥梁结构可以承受的最高温度是多少？最低温度又是多少？如果气温极端得超过了最高或最低温度会发生什么？

· 你设计的桥梁能够承受多强烈的风？风向会有影响吗？如果只允许小汽车通过，你的桥梁能够承受更猛烈的风吗？

· 这座桥梁的跨度是多少？如果是架在河流或港湾之上，桥架的根基会被侵蚀吗？潮汐或风暴大潮会带来问题吗？如果桥梁跨越了一条铁路，你要如何应对脱轨的火车冲撞桥梁？

· 现在设想一下：如果大风、低温、异常负载和火车脱轨全都在同一时间发生……

· 地震呢？它能应付多大强度的地震？它能应付多频繁的地震？

· 雪崩呢？小行星撞击呢？来自"死星"的攻击呢？

我就说到这里，我相信你已经明白我的意思了。

17.3 安全档案

如你所见，在你开始建造这座桥梁之前，有很多决定要做，有很多论证要提出。毫无疑问，你会将这些内容全部写下来，而由此产生的这套文档将作为这座桥梁的"安全档案"（如图17.1）。安全档案说明了你的设计为什么在材料使用、施工方法、工程标准等方面是"足够安全的"。它将涵盖可能出现的问题以及你的桥梁将如何应对。一份优秀的安全档案还将清楚地表明你设计桥梁时的安全边界。小行星撞击和"死星"攻击大概是在这个边界的另一边，因此会被排除在你的桥梁的"设计基础"之外。

请记住，你的安全档案中可能会包含承诺——例如在刮大风时桥梁会禁止货车通行。这要求你的限制必须是真实可行的，需要有人员监测风速并能够届时关闭该桥梁，否则将其写入你的安全档案将毫无意义！这些届时你将如何运行这座大桥的承诺就成了一套你必须遵守的“作业规则”。如果你不遵守这些规则，你就违反了安全档案。

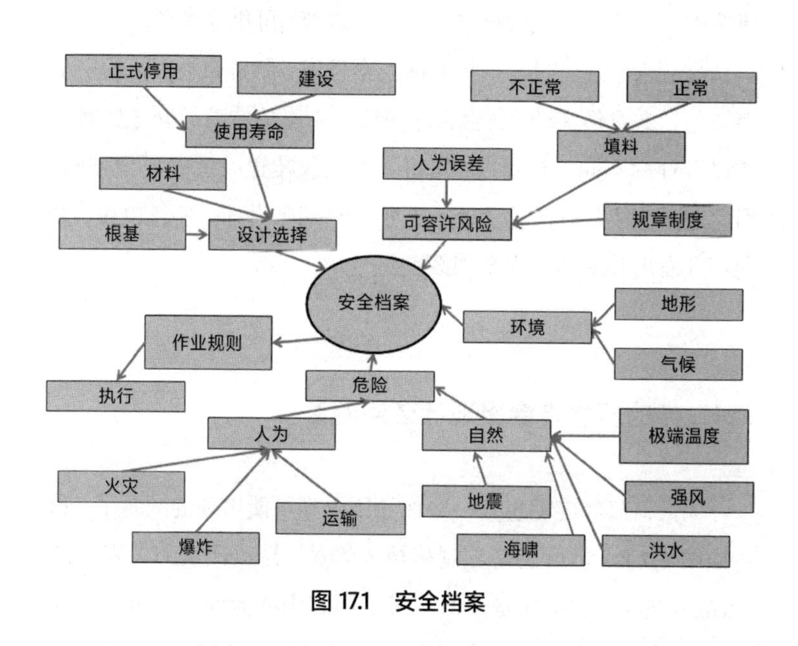

图 17.1　安全档案

将所有这些理念记录下来，是为了让你在接下来申请建造时，能够将其提交给监管机构（规划者，等等）。它也是所获批的桥梁设计的永久记录，有助于未来的工程师了解你的设计思路。

在考量了关于设计一座桥梁的这一切之后，让我们停下来思考，在设计压水堆时你应该如何做同样的工作。对于你的压水堆来说，在材料选择、工程标准和环境危害方面，有相同的问题需要你回答。但是你也要面对很多不同的事情。对于一座桥梁而言，“风险”是指桥梁倒塌；而对于一座核电站而言，“风险”是指放射性裂变产物不受控制地向外部环境释放（“放射性释放”）。在这两种情况下，主要关注的是要避免对人的伤害，但也有其他需要关心的问题，例如经济损失或环境破坏。对你有利的是，世界上有超过450座正在运行的核电站，而且还有许多核电站正在建造中。有许多现成的核电站“设计规范”可供你参考。

我从未亲眼见过一份桥梁的安全档案，但是如果桥梁的安全档案包括数百份文档，我会大吃一惊。一座核电站的安全档案由数以万计的不同文档组成，每份文档仅仅覆盖设计的一个方面，因此通常需要数百人花费5~10年的时间来设计一座核电站，并同步开发出其最初的安全档案。

17.4 你的压水堆会出现什么问题？

你大概已经能够想到一些你的压水堆可能出现的问题了（彩色插图1.7）。它可能是控制棒掉入堆芯，导致严重的关停事故（事故停堆）；它可能是一回路或二回路中的泄漏；也可能是控制棒出现意外移动；又或者是一台反应堆冷却剂泵出现故障；再或者，是你可能突然间失去了与电网的连接。

你将在下一章中学会识别并处理这些故障中的一部分，但是现在，请你假设一个或多个故障可能随时发生，我不是说任何这类事情都可能发生，尽管某一些要比另一些更可能发生。我只是想指出，它们中没有哪一个是不可能发生的，因此每一个故障都可能是你的压水堆的“设计基础”的一部分。

你的核电站的设计基础必须包括你（或你的监管者）认为“可能”的任何故障或问题。“不可能”的故障是指那些如此不可能发生，以至于可以被认为是不重要的问题，前提是你能证明这些问题不能轻易地通过改变你的设计而得到解决。即使是这样，某些“不可能”的故障的组合最终仍然可能会出现在你的设计基础中——把某个问题包含在内，有时候比证明它们不可能发生更省事！

17.5　三个“C”

要避免放射性裂变产物被释放到环境中，你只需要做到以下三件事。这三个“C”字母开头的单词可以被看作核安全的支柱：

- 临界状态（Criticality）：严格来说，是亚临界状态，意味着要关停反应堆！
- 冷却（Cooling）：去除堆芯的衰变热，以防止它受到损坏。
- 隔离防护（Containment）：保持核燃料（包层和燃料芯块）、一回路和反应堆建筑物的完好。

这三个因素构成了防止裂变产物被释放的三道屏障。它们中任何一个本身都足以防止泄漏，因此，保障它们是保护核电站周围居住民众安全的根本关键。

17.6　自动保护

你觉得人们会严肃对待所在国家的公路车速限制吗？

我并不认为人们会这样。我们的小汽车或其他车辆很少有用于控制速度以保持在速度限制以内的设备（我忽略了“巡航车速控制”功能，因为它是可以关闭的）。如果我建议你在汽车上安装某种如果超速就会自动关闭发动机的东西，你觉得怎么样？在突然减速停下后，你不得不重新启动发动机，然后再次行驶；这一次你或许会更小心一点。

也许你有充分的理由不在汽车上装这种东西（这可能会导致碰撞事故？），但你在驱动压水堆时必须要有类似的心理准备。为你做到这一点的系统是“反应堆保护系统”（Reactor Protection System，RPS）。在你的压水堆中，反应堆保护系统持续监测反应堆和与其连接的设备的状态。如果监测信号超出了预定的限制范围（“设定值”），它将关停反应堆。作为主控制室中的一名操作员，你无法推翻这个操作。它是核电站的一个内置功能，并且在你的安全档案中相当重要。因此，你避免自动关停（事故停堆）的唯一方法就是在限制范围内驱动你的反应堆！这听上去可能很困难，但是，根据实践，现代化的压水堆持续运行5～10年而不发生自动事故停堆的情况并不罕见。

你将在图17.2中看到反应堆保护系统是如何监测大量设备参数的。来自这些设备的信号馈入电子仪器，后者将其与选定的设定值进行比较。如果有任何参数超出了反应堆事故停堆的设定值，从电源到控制棒驱动器的电路中的断路器将会被断开，控制棒将掉入堆芯，而这样就是一次自动事故停堆！

实际上，每个参数都由多个仪器监测。典型的是四个。每个仪器都被置入一个不同的“限定范围”，然后另一个电子仪器将这些输出汇合进一个投票系统。如果投票被设计为四个仪器中有两个超出限定范围即判定为达标，那么，一旦四个一组的仪器中有任何两个超过了设定值，那么一次事故停堆就会发生。为什么要这样设计呢？因为它可以避免仪器的误判——你不会希望一次事故停堆的突然发生，仅仅是因为一台仪器误判了一个只是看起来像是超过了其设定值的状态。

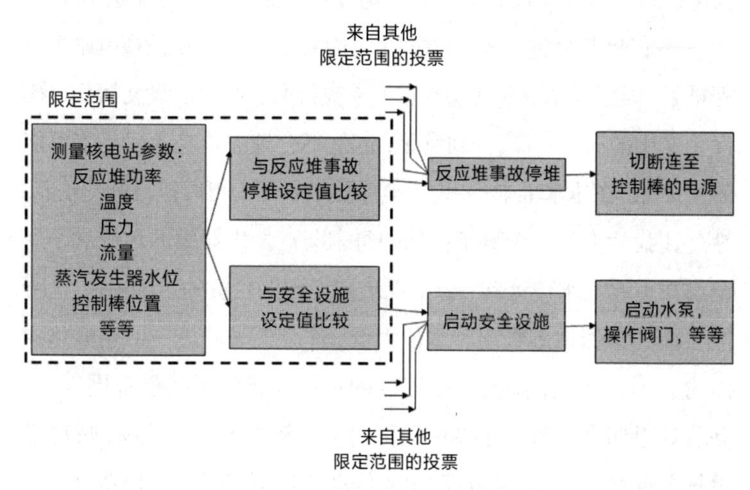

图 17.2　反应堆保护系统（RPS）

这也意味着你可以为了维修或调试而暂时拿走一台仪器，而通过其他三台可用的仪器仍然能够提供良好的保护（此时投票系统会被安排为三台中有一台或两台超出限定范围即为达标，这取决于你特定的电子设计）。这意味着当它们损耗时，有更多的仪器需要购买，以维护和更换。一旦你这么做，你可以看到设备可靠性在整个核电站使用期内的巨大好处，而且你的反应堆保护系统无法“看到”故障的风险将会极大地降低。

17.7 专设安全设施

让我们再看一下图 17.2。你将看到，除了反应堆事故停堆信号之外，还有另一组输出。这些信号去往“专设安全设施”（Engineered Safety Features，ESF）。压水堆的故障可能会在相当短——仅仅几分钟——的时间尺度内发生，因此，虽然核电站事故停堆了，但仅仅依靠你（操作员）来执行所有必要的设备操作以确保上文中的三个“C”得到满足，也是不合理的（或者说是不可能的）。因此，在压水堆中，专设安全设施被扩展为可以执行其他功能。

让我为你举一个例子：你的每个蒸汽发生器中的水位对于安全都很重要。水位太高，会出现水被带到涡轮机的风险——这可能会极其暴烈地摧毁它。水位太低，你会失去通过一回路散热的能力。不言而喻，蒸汽发生器内的水位变化的可接受范围很小，并且如果四个蒸汽发生器中的任何一个超出了这个范围，反应堆保护系统都将启动一次自动事故停堆。接下来呢？你仍然会遇到水位过高或过低的问题，因此还需要对此采取一些措施……

你的压水堆具有很多安全设备。这包括当蒸汽发生器无法从主给水泵获得足够的给水时启用的后备（或“辅助”）给水泵。因此，当蒸汽发生器的水位低于或接近反应堆事故停堆的设定值时，还会与另一个设定值比较：如果水位在事故停堆后没有恢复至该设定值，则将启动“辅助给水系统”的水泵。另一方面，如果事故停堆后水位继续升高，预计将会与更多的设定值比较，以限制或隔离蒸汽发生器的给水供应。关键是，这些附加的设定值实际上与事故停堆设定值无关——但如果蒸汽发生器的水位需要通过它们来限制的话，它们仍然会辅助给水、限制和隔离给水的操作，即使已经事故停堆几天或几周了！

在大多数压水堆中，你可以看到专设安全设施（由反应堆保护系统或操作员启动的安全系统）被分为了三组：

- 紧急堆芯冷却系统（Emergency Core Cooling System，ECCS）。
- 隔离防护系统。
- 其他（包括辅助给水系统等）。

当你在下一章更加详细地了解故障时，你会看到每一类的专设安全设施，因此我就不在这里描述它们了。我现在将要介绍的一个专设安全设施信号是“安全注入”。对它的最佳形容为专设安全设施的“第七骑兵团”，因为它实际上是一大堆整合在一起的安全系统启动信号。当反应堆事故停堆时，并非总是会出现一个安全注入信号——事实上它非常罕见——但是如果你接收到了一个安全注入信号，则必然是事故停堆了。对于任何更为严重的故障，一个安全注入信号意味着你已经保住了三个“C”，至少在一开始是这样。

17.8　要多安全才算“够安全”？

在任何行业中，这都是一个难题，但我们不可避免地要尝试回答它。作为一名设计者，你可以继续增加安全的层次：更好、更坚固的安全壳；更多的备用系统；更多的仪器；更多的水泵、阀门，等等。但是，这会使得核电站的造价越来越高，随着安全性上升，核电站的收益率却会下降。如果设备太多，核电站变得过于复杂，也会造成错误，或者出现你不曾预计到的故障的组合。

某个设备（比如说，“紧急堆芯冷却系统”泵）如果只有一台，那么只是勉强够用；有两台会好很多，因为这将允许一台出现故障；有三台就棒极了，因为可以在一台故障时，而另一台即将停用进行维护，但你还有一台剩下的可用；有四台甚至更好，但好处不是太大；如果再增加第五台，面对风险时便不会有什么不同了。

大多数现代化核电站都拥有四重安全系统，即四套电子设备，四套水泵、阀门、管道，四套电源，等等——换句话说，就是有“四列安全火车”的核电站。据我所知，没有一座核电站计划配备五重安全系统。从另一角度来看，有“四列安全火车”的核电站已经足够安全似乎已经成为广泛的共识……但是，实际上是谁为你的压水堆做出这样的决定呢？让我们看一些历史资料。

17.9 温茨凯尔火灾

英国在建造早期的反应堆时，尽管将它们视为军事项目，却也没有制定严格的规制加以保护。1957 年温茨凯尔（Windscale）1 号反应堆的大火改变了这一状况。

温茨凯尔反应堆是以天然铀为燃料、由石墨慢化的风冷反应堆，生产供核武器使用的钚。如果你愿意，可以想象一下，那是一堆 2,000 吨的石墨块，高 7 米，直径 15 米，比第 4 章介绍的芝加哥 1 号堆大上很多。每个堆（共有两个堆）都容纳了 3,440 个水平通道，装在薄铝罐里的天然铀金属燃料可由此推入。该反应堆的设计原理是：在反应堆运行时，空气将吹过这些通道，带走热量。一些铀-238 将转化为钚-239，而从反应堆后部推出的辐照燃料将被运输到其他地方进行再加工以提取钚（参见彩色插图 3.1）。

不幸的是，如果你用中子轰击石墨，石墨中的一些碳原子会被击离它们的常规位置，并存储“势能”——即当它们落回其所属位置时可以被释放的能量。这种存储的能量被称为“威格纳能量”，以发现它的物理学家的名字命名。如果你在一个足够高的温度下照射石墨，例如在镁诺克斯反应堆或改进气冷反应堆中这么做（参见第 22 章），那么这并不是什么大问题。但温茨凯尔反应堆通常在低温下运行，为了让威格纳能量散发，有必要定期、有目的地提高温度。

就在一次温度升高期间，事情失控了。反应堆释放出了比预期更多的威格纳能量，点燃了燃料和石墨，使 1 号堆的大部分着火，并将大量裂变产物释放到了冷却气流中。这些气流经过了不完全的过滤，仍然有大量不受控制的放射性物质被释放，反应堆也需要经过几十年时间才能完全拆除。

温茨凯尔大火对英国的反应堆而言是一个警示，并催生了第一部核设施法案（1959 年）。这一法案要求当时正在建设中的（例如，镁诺克斯核电站）和为未来规划的民用核电站应该获得由新组建的核设施检查局（Nuclear Installations Inspectorate，NII）——一个专门负责核安全的监管部门——颁发的许可证。核设施检查局的职能现今由核监管局（Office for Nuclear Regulation，ONR）履行。

为什么这对你来说很重要？因为正是核监管局将决定你的压水堆设计是否“足够安全”到可以建造和运行。在英国，只有通过了一个由核监管局制定的许可证申请流程，核电站（或其他核设施）才能被授予建造、运营和拆除（“退役”）的许可证。你的压水堆将有自己的“执照”，上面标明了反应堆所在场所的边界和反应堆的设计，还包括一个你的公司必须满足的条件清单

（如图 17.5）。清单中包括安全档案、操作员培训、设备维护、避免放射性物质被释放出厂区的应急措施、作业规则（摘自安全档案，如上文中的桥梁设计的档案）以及管理核电站改造的正式流程，等等。

1. 说明
2. 场所边界的划定
3. 产业控制权交易
4. 场所内核物质的限制
5. 核物质的托运
6. 文件、记录、授权和证书
7. 现场事故
8. 警告性标识
9. 对现场人员的指导
10. 培训
11. 应急安排
12. 获正式授权及其他有适当资格和经验的人员
13. 核安全委员会
14. 安全文档
15. 定期检查
16. 总平面图、设计图和说明书
17. 管理制度
18. 辐射防护
19. 建造或安装新发电站
20. 对在建发电站的设计进行修改
21. 试运转
22. 对现有设备进行改造或试验
23. 作业规则
24. 使用说明书
25. 操作记录
26. 对操作的控制和监督
27. 安全机制、设备和回路
28. 检查、巡视、维护和测试
29. 进行测试、巡视和检查的责任归属
30. 定期关停
31. 关闭特定的操作
32. 放射性废物堆积
33. 放射性废物的处理
34. 放射性物质和放射性废物泄漏和逸出
35. 正式停止使用
36. 组织能力

图 17.5　英国核监管局颁发核电站许可证的条件清单（2019）

这些条件具有法律效力，因此，作为执照持有人，你的公司必须遵守这些条件。如果你违反它们，核电站负责人可能会被送上法庭。他可不会觉得这很好玩。

17.10　国际视角

其他国家也有不同的监管途径，有些国家遵循自己的经验，另一些则借鉴邻国的经验。它们的监管人员以略微不同的方式工作，其许可制度也有所不同，但是它们都有相似的基本原理。两个组织为此提供了帮助，第一个是国际原子能机构（IAEA），它是由联合国设立的，为促进核安全以及安全和平地利用核技术的机构。国际原子能机构发布了一系列核工业相关标准和指南，使运营公司和监管机构都可以轻松地将其工作与国际标准进行比较。

国际原子能机构还根据《不扩散核武器条约》（参见第 23 章）履行“保障措施”核查职能，尽管欧盟通过欧洲原子能共同体（EURATOM）也建立了自己的核查制度（注意：欧洲原子能共同体不是一个核安全监管机构，其主要目的是跟踪核燃料的流向）。

另一个为核能监管提供国际视角的组织是世界核电运营者协会（World Association of Nuclear Operators，WANO）。该协会受切尔诺贝利事故（参见第 9 章）的启示而成立，专注于从全球的核运营公司收集“最佳做法”。当世界核电运营者协会访问你的核电站时——他们会这样做——他们会告诉你，你的核电站现在“与最优运行模式的差距”是什么，并与你讨论如何设法弥补它们。如果你现在从事的是核工业以外的行业，你或许想要停下来想想这个事情。花钱邀请几十个国际竞争对手来参观你的工厂，并且让他们详细检查它（和你本人），并告诉你哪些地方应该做得更好，你对此做何感受？但对一座核电站而言，这是一件很平常的事情。

再回到英国，核监管局是访问你的核电站，检查它，并对任何重大项目或设计变更加以监督的监管者。与其他国家的监管机构一样，它们的监管是强有力的。如果你偏离常轨，并且被发现你的核电站运行不良或操作偏离了安全档案，他们有权（并且会）关闭你的核电站。他们的知识和经验可能对你非常有用，因此，如果你在驱动压水堆时遇到他们的检查员，请对他们开诚布公，无须掩饰任何事情，并倾听他们的担忧和建议。你将从他们的观点中受益，并且如果他们能够看出你在自己的岗位受过良好的训练，他们也会更加放心。

17.11 容忍风险

从广义上讲，如果一座核电站的风险能够被证明与人们日常所面临的危险（例如，来自开车、吃饭、工作的风险）相比是非常小的，它就会被认为是“可容忍的”，并且若与风险收益相比，进一步降低风险所需的时间和费用都是严重不成比例的。以（非常）粗略的数字来看：对一个个体来说，如果每座反应堆每年造成的死亡风险只有大约 1/1,000,000，那这个风险可能就是可以容忍的。但这是一个不断变化的指标，因此不要以为你已经获得了执照，就算完成了这项工作。这就是人们总是认为新建的核电站比旧的核电站给公众带来的风险更小的原因。技术不断改进完善，安全目标也越来越高。

在核电站的整个运营期内，你都必须向监管机构证明你正在努力改善安全性，并展示你对事件的响应能力和在知识上的进步。也就是说，你正努力将风险降低到“在合理可行的范围内尽可能低”的水平。

这就是“足够安全”的意思。

17.12　很小的一件事……

几年前，我接到电视台的一名研究员的电话。我不会说出他具体是哪个台的，我只谈谈他的想法：在英国某个地方找到一个村庄，让居民（在我们的帮助下）建造一个小型核反应堆，以生产一些电力供该村庄使用。这个想法很棒：既可以揭开核能的神秘面纱，又向人们展示了核能是多么安全，干起来可能还有许多乐趣！

但是，如我所解释的，该项目将遇到三个主要问题——现在你应该都能够理解所有这些问题了：

首先，建造一个小型反应堆非常具有挑战性。中子从侧壁泄漏意味着，如果要达到临界状态，任何反应堆的尺寸都有一个实际的下限。建造一个真正小型的反应堆，必须以高浓缩铀或钚为燃料——而这是村民无法搞到的，你将在下一章中看到解释。

第二个问题是工程学问题。反应堆之所以能发电，是因为我们用它们产生了蒸汽；而产生蒸汽又需要高温和高压。尽管你可能会信任一群受到监督的村民为蒸汽机建造一台锅炉，但你愿意信任由他们来建造一个容纳核反应堆，且其中还包括放射性裂变产物的压力容器吗？

最后——同时也是根本的否决——许可证。英国核设施法案中没有“小型”反应堆一说。建造一座反应堆的唯一办法，首先是让核监管局相信你能够满足他们所规定的所有获得执照的条件。而要成为一名“可信的运营商”，需要数年的工作经验和数以百万计的英镑。因此，无论业余爱好者多么热衷，这都不是他们能够办到的。

那位研究员很不走运地扫兴而回了。

第 18 章

什么可能出问题
（以及你可以对此做什么）

18.1 你能应付吗？

在全功率下，反应堆产生 3,500 兆瓦的热量。你的核电站成功地将这些热量的一部分转化为了电力。作为反应堆操作员培训生，你已经学会了如何启动反应堆并改变功率。如你所见，还有一些其他任务需要你在控制室中执行，但在此时，你可能会想，这一切看上去是多么简单啊，为什么训练一个真正的反应堆操作员要花费那么长的时间？

学习驱动一座反应堆有点像是学习如何驾驶飞机。大多数学员很快就学会了起飞和降落。真正花费大量时间和精力的是学习在出问题时如何做出反应，对于大型客机来说尤其如此。反应堆也是一样。你的核电站有许多自动系统帮助驱动反应堆。核电站中还有监控系统，在严重的事件发生时，你可以依靠它来关停反应堆并执行其他保护措施。但是，作为一名操作员，你将在控制核电站、避免问题（如果它们可以被规避）、对事件做出响应，以及最大限度地减少其对环境的可能影响中发挥关键作用。这就是如此之多的培训内容都涉及异常操作或“故障”的原因。

如果你出错了会怎么样？你的压水堆不会爆炸——你不是在操纵一个核弹——况且在许多方面，它是一台非常稳定的机器。但你有可能——尤其是在故障期间——做出对水的冷却有着不利影响的行动。刚刚关停的反应堆的衰变热仍然有几十兆瓦之多，因此，如果你未能冷却它，核燃料会受损并释放放射性到一回路中。在那里，放射性物质可能找到进入乃至逃出反应堆建筑物的途径：那将会是控制室里无比糟糕的一天。

你在上一章中遇到的三个“C”是反应堆安全运行的关键——（亚）临界状态，冷却和隔离防护。当你在本章和接下来几章中了解每一个故障时，请牢记它们，这样你就能很好地理解反应堆操作员的作用了。

在我们开始讨论可能发生的故障之前，要记住的最后一件事是：所有这些故障都是“或许会发生的”。或许会发生并不意味着“很可能会发生”。在你的核电站的数十年寿命中，有一些事件可能会发生，其他一些事件则从未在任何核电站发生过——而且大概永远不会发生。在这两者之间，一定范围内的故障在全球的核电站偶尔会发生。一般来说，故障越严重，其发生的可能就越小。或者以安全档案的术语说，就是“低频率”。当我解释每个故障时，我会尽力让你了解其发生的可能性（频率），但是，作为一名操作员，这实际上对你没有任何区别。可能和不太可能的事件你都必须学会处理。

18.2　故障 1：电网损耗

让我们从简单的事件开始。设想一下，你正在以稳定的全功率驱动反应堆，突然，没有任何警告，你失去了与电网的连接。为什么会发生这种事情？或许是暴风雨破坏了部分电网线路，或许是大型变电站发生了一场火灾。如果这些问题影响了核电站所在区域内足够多的电网线路，你可能会突然发现其不再与电网相连了。

电网损耗的可能性有多大？这么说吧，不同的核电站之间有很大的区别。有些核电站在其整个使用期间从未失去过外部连接，而其他核电站似乎平均每几年就要发生一次。评估你的核电站电网损耗的频率，要考虑两个重要因素：一是你所在国家的电网系统的整体可靠性，二是与你的核电站连接的电力线路的长度。这是为什么呢？因为在线路长度和发生电力故障的可能性之间存在很强的关联，较长的线路明显更容易受影响。当你已运行你的核电站数十年之后，你可能会对失去当地电网频率有更加现实的认知。

此时你在控制室中可能将看到的第一样东西，是涡轮机和反应堆事故停堆的警报和指示。如何应对这一情况我已在“巨大的红色按钮”一章中讲过，但是你将很快意识到，这并不是曾经发生过的反应堆事故停堆……如果你电网损耗并且你的涡轮机已经事故关停，接下来将没有任何东西为你的所有大型水泵的电动机提供其所需的高压电。基于你的核电站设计，我猜测你会失去对以下设备的电力供给：

- 为你的涡轮机冷凝器提供海水的循环水泵。
- 通常用于为蒸汽发生器供水的主给水泵。
- 反应堆冷却剂泵。

海水循环泵失去电力意味着在你的涡轮机冷凝器中的真空状态将非常迅速地消失。在事故停堆后的头几分钟，你或许还能够向这些冷凝器中排放蒸汽，但一旦真空状态消失过久，再排放蒸汽就不可能了，而你别无选择，只能通过安装在主蒸汽管道上的伺服电机操纵泄压阀将蒸汽排放至大气中。

主给水泵失去电力听起来很严重，但这不是太大的问题。反应堆事故停堆已使得链式裂变反应停止。因此，你需要从堆芯中移除的唯一热量只是衰变热；尽管仍是兆瓦级的，但只占全功率下所产生热量的百分之几。你的小型备用给水泵可以为蒸汽发生器提供足够的给水来处理这个问题——而我们稍后将讨论这些水泵将如何获得动力。

反应堆冷却剂泵失去电力又会怎么样呢？反应堆冷却剂泵有大型电动机。当你电网损耗时，这些电机便不可能保持运转。但是每个反应堆冷却剂泵都有飞轮，因此不会立即停下来，而是将在短短几分钟内逐渐停下来。我们难道不是依靠这些水泵来推动水流过堆芯并冷却反应堆，即使当反应堆关停时也是这样吗？好吧，是的，通常是这样，但在电网损耗的情况下，已经不能指望它了。相反，你将不得不信赖物理学。

18.3 自然循环

随着反应堆冷却剂泵的减速和停止，流经堆芯的水流减少。这样一来，传递到每千克的水中的衰变热将增加，因此温差（热管水温减去冷管水温）将增加。在你事故停堆的反应堆中，堆芯顶部的水温比反应堆冷却剂泵仍在正常运转时的水温更高。较热的水比蒸汽发生器管中较冷的水的密度低，因此较冷的水倾向于从管子中落下以取代较热的水。一回路的几何形状对此的应对非常理想，因为较热的反应堆在下方，而较冷的蒸汽发生器在上方。甚至更有帮助的是，从反应堆顶部，通过热管到蒸汽发生器管，然后由蒸汽发生器管沿着过渡管和冷管返回反应堆底部的流径将畅通无阻。我们称这种围绕一回路的水流为“自然循环”，因为它仅由温差和密度差驱动，而不是由水泵驱动（有点像是蒸汽发生器的二回路一侧）。

随着堆芯两端的温差升高，自然循环流量也随之增加，因为水的密度差变得更大了。最终，自然循环将大到足以带走所有来自反应堆的热量，而温度将停止升高。一般情况下，稳定的温差大约是全功率运行时温差的一半，你的压水堆将在电网损耗后不到 15 分钟的时间内达到这种状态，如你在图 18.1 中所见。

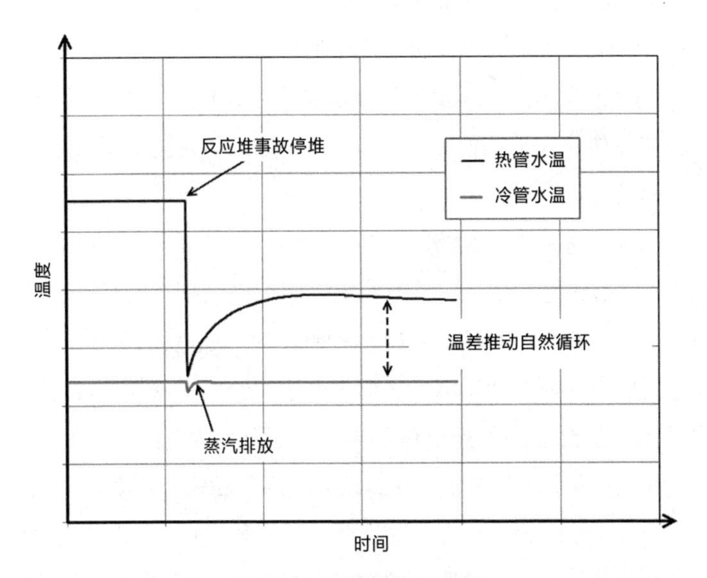

图 18.1　自然循环示意图

你不需要进行任何控制；物理原理会让一回路达到其自身的平衡状态。甚至还有更好的事情，随着衰变热下降，自然循环将随之减弱，此时你仍无须进行任何控制操作。你可以在图 18.1 中看到这一开端随着热管水温刚刚开始下降而出现。

你可能想知道是什么使冷管水温在这个事件中保持了稳定。这是因为通过伺服电机操纵泄压阀进行的蒸汽排放。蒸汽排放使得蒸汽发生器中的蒸汽压力保持恒定。由于蒸汽发生器保持在沸腾曲线上，这就固定了蒸汽发生器的温度，而这又反过来固定了冷管水温。

18.4 电池和备用发电机

备用电源应被纳入考量。在你家里，你可能只有很少的备用电源，但你的某些电子设备可能带有内置电池，因此，如果断电了，这些电子设备将继续工作（至少不会让你无法查看时间）。但除非你居住在某些地方，尤其是在乡村，否则你大概不会有一台备用发电机。

核电站对备用电源的需求则迥然不同。你有许多的仪器、计算机、控制和保护系统，你不希望它们在电网损耗时停止工作，因此，这意味着你也需要一些大型电池，时刻准备着为所有这些设备提供不间断的低压电源。但是电池只能维持一段时间，并且你可能将需要一些更高电压的电源来运行水泵，例如辅助给水泵、用于反应堆冷却剂泵的密封注入和用于硼化的化学和容积控制系统的水泵。换句话说，你需要一些大型备用发电机。一些核电站为此使用燃气涡轮机（喷气发动机），但是在世界范围的压水堆中，应用柴油发电机更为普遍。

你的压水堆就是典型的例子。你有四台大型基础柴油发电机，每台都能产生 5 ~ 10 兆瓦的电力（图 18.2 展示了一个实例）。这看起来可能很多，但如你所见，在出现更为严重的故障时，这些备用发电机不得不为许多设备供电（即使这样仍然不足以启动反应堆冷却剂泵）。为什么要有四台基础柴油发电机呢？其设计与其他安全系统采用了同样的思路。你的安全档案应该说明了你只用一台或两台基础柴油发电机即可以应对任何故障（包括电网损耗），因此，配备四台基础柴油发电机，使得你可以在其中一台停运以进行维护的情况下，即使还有一台不能启动，也仍然不会出问题。

图 18.2　基础柴油发电机

18.5 各种水泵

一旦你的基础柴油发电机启动——在电网损耗时你会期待它非常迅速且自动地发生——你将拥有足够的电力来保持你的电池电量并运行一些中型水泵，例如辅助给水泵与化学和容积控制系统中的水泵。但你不能同时启动所有这些设备，因为那样会使柴油发电机熄火。因此，自动系统将不得不在几分钟内依次将电力负荷分配给柴油发电机，以便它们响应而不是熄火。

还有一种为水泵提供动力的方式——通过蒸汽。你本来有大量的蒸汽，而在此刻，所有蒸汽却都被排入了大气。那么，你可以将部分蒸汽转移到小型涡轮机中，以驱动水泵。你的压水堆有几台这种小型涡轮机，一些作为多样化的辅助给水泵，另一些作为反应堆冷却剂泵的密封注入的多样化来源。重要的是，这些由蒸汽驱动的水泵不需要基础柴油发电机提供电力就能运作，因此在电网损耗时，即使你的柴油发电机没有启动，你也可以使用它们。值得一提的是，一些反应堆设计人员不喜欢这些由蒸汽驱动的水泵，因为这类水泵往往需要相当多的维护。取而代之的是，为了提升设计的多样性，他们可能会给一座反应堆配置更多的柴油发电机，其中一些采用不同的设计，以确保没有什么问题会在同一时间影响到所有的柴油发电机。

18.6 从电网损耗中恢复

你不能在没有电网供电的情况下启动你的压水堆。否则，只是尝试启动一台反应堆冷却剂泵，就会导致你的基础柴油发电机熄火——即使你能够连接它们。在你的反应堆保护系统允许你重置事故停堆之前，你需要让所有四台反应堆冷却剂泵同时运行，所以，不像某些无须电网供电即可启动的燃煤和燃气发电站，你没有“黑启动”的能力。你也无法帮助核电站所在区域的电网重启；你不得不等待，直到重新建立与电网的连接。这是核电站需要备有大量燃油（供基础柴油发电机使用）和水（为辅助给水泵供水）的有力论据。

一旦电网恢复后，你可能会认为，你可以径直将核电站的电气系统与外部供电重新连接。实际上，这将导致一个问题——与你试图将所有负荷连接到一台正运行的基础柴油发电机上相似。只不过这次不是令柴油机熄火，而是你将发现，如果同时启动你的系统中的所有设备，电流将会过大——会烧断保险丝（或破坏其他更复杂的电器保护方式）。你唯一的选择是从你的核电站中最高电压的电路板开始，断开所有连接到这些电路板的设备。当你完成此操作后，你可以安全地将这些电路板连接到电网，然后一次一个地重新连接外向电路。每一次你试图重新为一个电路板通电，你都需要重复此过程，一直到电压最低的电路板及其设备重新通电为止。

这个过程不会很快——一切恢复并重新运行可能需要24小时。然后你才能考虑启动你的反应堆。

18.7　故障2：大型冷却剂泄漏事故

大型冷却剂泄漏事故是一个特殊的故障。还没有人真正遇到过，然而它是每座压水堆都要有相应应对方案的教科书式故障。在某些方面，这是你的核电站设计基础范围内可能出现的最严重的故障。然而，可以使你感到宽慰的是：如果你的设计可以应付大型冷却剂泄漏事故，那么你就能肯定，它（几乎）能够应付所有比这小的事故……在你思考接下来的内容时，请牢记这一点。偶然有一次，我发现该事故的简称“LOCA”通常被念成“Low-ker”，不过你有时候也会听到有人把它念成“Lock-ah”。

我所说的大型冷却剂泄漏事故的意思是什么？其实，我指的是一回路的破裂，其大小相当于一条热管或一条冷管完全断裂的程度。这是很大的破裂，将是个大问题。

一回路的重大破口将导致一回路压力非常迅速地下降，随着水迅速沸腾，这将导致燃料元件细棒之间的慢化剂损失。你将无法有效地冷却燃料，因此燃料温度将会上升。你的压水堆有很强的负燃料温度系数和空隙系数（参见第9章），所以会带来大量负反应性——即使在反应堆保护系统发现问题并送出一个事故停堆信号从而让控制棒落下之前，反应堆功率都将非常快速地下降。

好消息是你的反应堆现在已经关停。而坏消息是，堆芯几乎肯定会变干，因此燃料不会被充分冷却。你需要让水重新进入堆芯，重新淹没燃料以带走热量。你有多少时间来完成这一操作呢？只有短短几分钟。在那之后，燃料将开始被损坏，裂变产物将被释放到反应堆建筑物中。

没有人会要求操作员在区区几分钟内就诊断出故障，并通过启动正确的安全系统对此做出响应——30分钟是更为典型的安全档案所主张的时间。这意味着你的反应堆保护系统将不得不替你完成这项工作。它会发现一回路中压力突然下降和反应堆建筑物内压力突然上升（因为一回路水变成了蒸汽），并且它会非常迅速地做出反应堆事故停堆的决定，并发出一个“安全注入”信号。

18.8　安全注入

安全注入信号最重要的功能一如其名——将水注入一回路。它通过启动所有"紧急堆芯冷却系统"的水泵来做到这一点。同样，需要配备更多的水泵，才能保证有足够多的水被注入，因为有些水泵可能正在维护或出了故障。

如果你是一名机械工程师，你大概已经知道什么是"水泵性能曲线"。对于其他人来说，有一个简单的解释便于我们理解。大多数大型水泵的运转是通过一个或多个螺旋桨状物体（叶轮）在一个密闭空间中旋转完成的，例如在管道或泵筒中。管道或泵筒中的水被叶轮甩出，并在这一过程中累积压力和速度。这种水泵被称为离心泵。离心泵始终有一种"压力 – 流量"特性，如图 18.3 所示，这是两个不同的水泵的情况。对每一个离心泵来说，泵正在传送的水的压力越高，其流量就越低。相反，如果它推撞

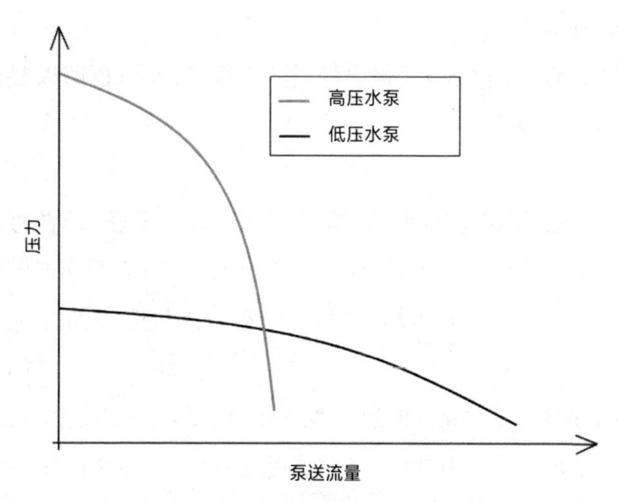

图 18.3　离心泵性能曲线示意图

的压力非常低，那么你将得到最大的流量。正如你将在下一章中看到的，在处理冷却剂泄漏事故时，这是一个重要的概念。

打个比方（这不是一个很准确的类比，只是便于解释），像是打开花园中的浇水软管使水流完全畅通，水流得非常快但它没有很高的压力；现在，用你的拇指捏住软管口，你可能不会完全阻断水流，一股小得多的水流仍然可以强行流出来，但它是以比拇指按住之前高得多的压力喷出来的。哦，你现在可能已经满身是水了，抱歉。

在某些事故中，一回路中的压力可能会高于 100 巴，而在大型冷却剂泄漏事故中，一回路的压力几乎为零，因此在一座压水堆中，很难找到一台能够应对所有可能发生故障的水泵。更为常见的设计是，紧急堆芯冷却系统水泵被分为两组（或更多组），例如：

- “低压安全注入泵”的设计用途是提供高流量，但它无法以高压泵水。
- “高压安全注入泵”提供较低的水流量，但它能够以非常高的压力泵水。

图 18.3 显示了对于一台高压泵和一台低压泵，两者的运行曲线有什么不同。本书彩色插图 4.7 显示的是一台真实的低压安全注入泵。这是一台电动驱动泵，带有一台大型（500 千瓦）电动机。

安全注入信号将同时启动两组泵，以便无论一回路中剩余多少压力，也无论压力如何变化，水都能被泵入一回路，重新淹没堆芯并恢复冷却的功能。

即使如此，用电力驱动水泵还是需要一点时间（数秒钟）才能提高速度。如果你不走运，在这些泵能够被启动前就失去了电网，并不得不等待基础柴油发电机启动，那这一时间还会更长。

因为这一可能发生的延迟情况，你的紧急堆芯冷却系统在反应堆建筑物内还有四个“安全注入蓄压器”。

每个蓄压器都只是一个装有硼酸水的水箱，通过顶部占水箱三分之一的氮气将压力保持在 40 巴左右。在这些蓄压器和一回路之间只有几个单向阀门（只允许流向一个方向的翻板阀）。这些阀门一直保持牢固的关闭状态，因为一回路的压力需要高于蓄压器内的压力。但是，如果一回路压力降到 40 巴以下（例如在一次大型冷却剂泄漏事故中），蓄压器中的氮气压力会迫使单向阀门打开，而水将被推入一回路。是的，无需电源也无需水泵，只靠物理定律！

本书彩色插图 1.8 是连接到你的冷却回路之一的紧急堆芯冷却系统的局部示意图。水泵先将水泵入冷管，尽管如果需要，水的去路也可以在稍后被切换为流入热管。水泵从反应堆建筑物外的一个大型水箱中取水。这与你给反应堆更换燃料时所使用的硼化水是同样的水（参见第 21 章），这个水箱也被称为“换料用水贮存箱”（Refueling Water Storage Tank，RWST）。

安全注入蓄压器本身做不到使水重新淹没堆芯，但会在安全注入水泵开始工作前让你抢占先机。因此，在经过最初的几分钟后，你可以预期堆芯会重新被水淹没并且水正在被泵入一回路。当然，水仍然从破裂处不断涌出并进入反应堆建筑物中，但已不用太担心了。

你还有一些用于“反应堆建筑物喷水系统”的水泵，但它们不是严格意义上的紧急堆芯冷却系统的一部分。反应堆保护系统将启动这些水泵，以响应反应堆建筑物内压力的显著上升。喷水泵将换料用水贮存箱中的水输送到安装在反应堆建筑物顶部内侧的喷嘴。这一冷水喷射有助于冷凝反应堆建筑物内的蒸汽，并防止其压力变得过高。在某些核电站中，通过使水从反应堆建筑物外流入，也可以实现相同的功能。

现在，停下来想一想，作为一名操作员，在大型冷却剂泄漏事故发生后的头几分钟，你有多少必须要做的事？实际上，什么都没有。所有这一切发生得如此之快，以至于根本无法指望你做任何事情。对于一次重大事故，操作员的反应通常会滞后一会儿，其主要工作是监测和评估他们收到的指示信号。

大型冷却剂泄漏事故是对反应堆建筑物内的各种设备和仪器性能的挑战，因为它们将突然暴露在高温、高压、潮湿和高辐射的环境下。在一次大型冷却剂泄漏事故之后，你所需要使用的任何东西都需要被“检定合格”（例如通过测试），以确保能再次应对上述环境条件。作为一名操作员，你需要知道哪些东西是检定合格的，哪些不是，并且不要尝试使用任何不是检定合格的东西。

如果你的核电站设计合理，并且你正使用优质的核燃料，那么你会发现，即使经过一次大型冷却剂泄漏事故，你的堆芯几乎仍完好无损。这种事故会导致显著的瞬变，涉及温度和压力的快速变化，但这正是你的核燃料包壳的设计目的所在。虽然可能还是会有少数失效的燃料元件细棒将一些裂变产物以气体的形式释放到一回路中，并让它们从那里进入反应堆建筑物中，但你要记住，安全注入信号的功能之一就是启动隔离反应堆建筑物的程序，以阻止任何泄漏物质进入外部环境。

当换料用水贮存箱快要空了的时候，大型冷却剂泄漏事故的最后一道难题出现了。破裂处仍在使反应堆损失水，因此，如果你只是将水泵入一回路，则堆芯将再一次变干。但等一下……所有这些水都流到哪里去了？水最终流到了反应堆建筑物的地下室。因此，随着换料用水贮存箱中的水位下降（这受到你的反应堆保护系统的监测）当水位足够低时，反应堆保护系统将操作一些阀门，而你的水泵将开始从地下室抽水！这些水流经一些换热器以带走热量。但除此之外，它只是通过一回路进行再循环，从破裂处流出，然后回到地下室。在接下来的几个月中，随着衰变热的减少，你可以逐渐减少运行水泵的数量，并最终能够进入反应堆建筑物将其清理干净。

在一些更现代化的压水堆中，反应堆建筑物的地下室就是换料用水贮存箱，因此无需进行转换即可实现再循环，但是我上述的布局目前更为普遍。

还有一件事值得一提，在整个过程中，即使有小部分燃料损坏，也没有放射性物质被释放到环境中。就隔离而言，反应堆建筑物是非常有效的屏障，即便在一次重大事故中亦然。但是，老实说，如果你的核电站是世界上第一座发生大型冷却剂泄漏事故的核电站，那就表明反应堆的设计、维护或运行方式存在非常严重的错误。不要想着再次启动它。

第 19 章

更小并不总是更容易

这可能会让你感到惊讶：小型冷却剂泄漏事故对你来说可能比大型冷却剂泄漏事故更难处理。

19.1　故障 3：小型冷却剂泄漏事故

你的一回路有很多接口。例如，化学和容积控制系统的上水和泄落管道，以及用于紧急堆芯冷却系统的管道。还有大量用于化学采样和用于测量一回路温度、压力和流量的仪器的接口。所有这些接口均经过精心构造，并需接受定期检查，但它们中的某一个还是有可能发生故障并引发泄漏。那么接下来会发生什么呢？

这不会是一次像大型冷却剂泄漏事故那样的事故。你不会在仅仅几秒钟内看到堆芯的水变干，而一回路的压力下降到几乎为零。你反而会看到一系列的迹象，这些迹象将给你一个线索，让你明白小型冷却剂泄漏事故有多小。

就最小的小型冷却剂泄漏事故而言，你完全看不到一回路压力的下降。你得到的第一个指示信号可能是你的化学和容积控制系统的容积控制箱中的水位出现了无法解释的下降。这令人惊讶吗？好吧，想象一下，泄漏是如此之小，以至于其唯一的效应（在一开始）是使稳压器水位略有下降。稳压器的水位控制系统将察觉到这一下降，并通过打开上水流量控制阀进行补偿（关于化学和容积控制系统，参见第 7 章）。也就是说，它将增加上水流量以保持稳压器的水位稳定。但是现在，在你的化学和容积控制系统中，正在向上补充的水量大于泄落流量，因此容积控制箱内的水位将下降。合理推测，你预计还会看到某些来自反应堆建筑物的警报，向你报告更高的湿度和辐射水平。但这些指示信号在一回路中出现每分钟几升水的泄漏时很常见，因此你可能会称这一事件为非常小的冷却剂泄漏事故。

如果小型冷却剂泄漏事故的规模只是稍微大一点，那么你的化学和容积控制系统的上水流量的增加将不足以补偿一回路中水的损失。这意味着稳压器的水位将继续下降。随着其水位下降，水上方的蒸汽气泡将膨胀，而压力将下降。对典型运行参数的任何显著偏差都会触发警报，因此你应该很快就会注意到正在发生什么。如果你考察反应堆建筑物中的情况，你将能够看到放射性辐射和湿度的上升趋势，因此，不需要多久你就会知道你遇上了小型冷却剂泄漏事故。这之所以不是大型泄漏，是因为一回路仍然保有它的大部分压力。

19.2 操作员的选择

你无法在核电站运行的状态下补救一次小型冷却剂泄漏事故。你的操作流程可能会涉及隔离化学和容积控制系统的上水和泄落流量，以防正在泄漏的是这些管道之一。但说实话，你的核电站的压力很可能在下降，而你无法阻止它。因此，你面临选择：你是袖手旁观，什么都不做，直到反应堆事故停堆并达到安全注入的设定值（例如，达到一回路的低压值）呢，还是在诊断出故障之后，手动操作使反应堆事故停堆并启动一次安全注入呢？

核电站安全档案将采纳前者——编写安全档案的人不赞成在一次事故后的30分钟内进行任何形式的操作员干预。你可能会觉得这样过于保守，因为这迫使设计人员建造一座无需操作员提供任何帮助即可应付故障的核电站。尽管更为现实的场景是，你在模拟舱中的培训经验，连同你的操作流程，将让你置身于这样一种境地：你意识到目前最好的方案是事故停堆（使用那个巨大的红色按钮），然后手动启动一次安全注入。当然，也有可能是你没有正确理解指示信号和警报，并因此对故障做了错误诊断……那又如何？一次事故停堆和一次安全注入不会造成任何长期的伤害。

我之所以说这是一种选择，是因为不同的国家以不同的方式培训自己的操作员。在法国，典型的做法是训练操作员等待自动设定值被触发；在英国，更普遍的情况是操作员被要求采取先发制人的措施。每种做法都有其优点和缺点，但就风险而言没有显著差异。最重要的是，无论操作员采取何种行动，都有自动系统提供支持。如果你参观其他国家的核电站，请不要以为其操作员接受的培训方式和你是完全一样的。

19.3　找到平衡

在一次大型冷却剂泄漏事故中，安全注入的目的是将水重新注入堆芯并保持堆芯浸没在水中，但现在讨论的是一次小型冷却剂泄漏事故，堆芯一直都浸没在水中，那么一个安全注入信号有什么作用呢？

回想一下你在上一章中看到的离心泵的压力－流量曲线。在紧急堆芯冷却系统的所有水泵启动时，会有一条曲线对应高压水泵，另一条曲线对应低压水泵。此时的压力可能不会降低到足以让低压水泵（或安全注入蓄压器）供水的程度，所以让我们集中关注高压水泵的表现。

在小型冷却剂泄漏事故发生时，一回路压力将过高，令高压水泵无法泵送水。但是，随着稳压器水位的下降，一回路压力将下降。稳压器加热器将尝试与之斗争，但是其作用有限，并且当稳压器中的水位降得太低时，它们会自行关闭（如果它们在蒸汽中运行，会受到损坏）。另外，别忘了，当你事故停堆时，热管水温的下降会导致稳压器水位的急剧下降，更进一步地降低压力。结果是，在小型冷却剂泄漏事故中，一回路压力最终将低于可以让紧急堆芯冷却系统的高压水泵启动并注水的压力。

随着一回路压力的进一步下降，这一注水将增加，并且由于更低的压力在推动水流通过一回路中的破裂处，泄漏流量也将减少。最终，你将达到注入流量与泄漏流量相等的平衡点，而压力将停止下降（如图 19.1）。请注意，紧急堆芯冷却系统的注入流量曲线比你在上一章中所看到的下降得更平缓，因为它代表的是四台高压水泵的流量总和，而不仅仅是单独一台水

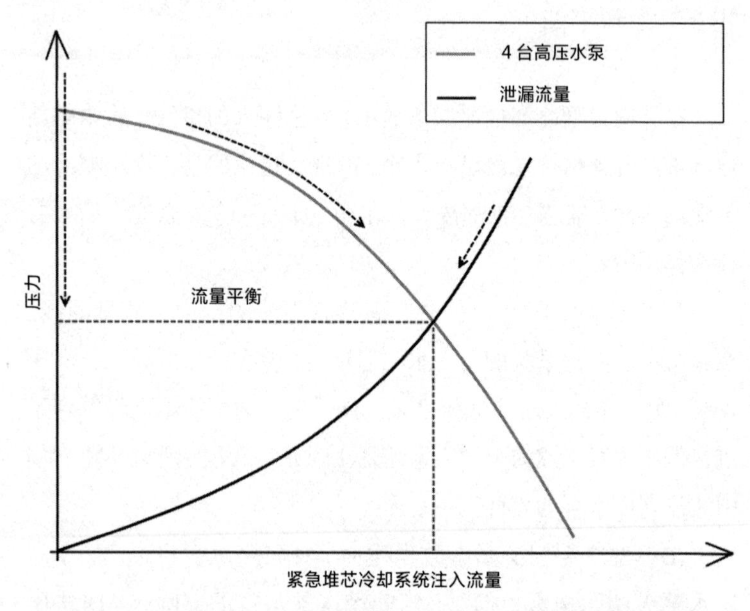

图 19.1 紧急堆芯冷却系统的注入和泄漏的流量平衡示意图

泵。作为操作员，虽然你无需找到这种流量平衡，因为物理学和工程学将替你做到这一点，但这是处理小型冷却剂泄漏事故的第一步。

19.4 继续前进，继续向下

你的核电站现在稳定下来了，但这是一种很难持续的状态。一回路仍有泄漏，而且尽管你暂时保住了燃料，你也可能无法非常有效地冷却堆芯。从一回路泄漏的水将从一回路中带走一些热量，但如果堆芯变热，它可能导致一回路沸腾并暴露堆芯。

你需要做的就是让一回路达到一个减压、冷却的状态。自动系统不会为你完成此工作，因此在此时你的经验将变得很重要。

首先，看看稳压器的水位——在紧急堆芯冷却系统水泵的注入流量达到与泄漏流量的平衡点之前，还有水剩下吗？是否已经失去了太多的水？在你做任何其他事情之前，你首先需要让更多的水进入一回路，但要如何实现呢？再次看看图 19.1。想象一下，如果你能够将一回路中的压力降低到平衡点以下，那会发生什么呢？这么一来，紧急堆芯冷却系统注入的流量将增加，而泄漏流量将减少。你将有一个进入一回路的水的净流量，而稳压器的水位将开始上升。

也许令人惊讶的是，你仍然对一回路的压力具有一定程度的控制能力，因为你有稳压器喷头。如果你打开喷头阀门，较冷的水将被喷入稳压器的蒸汽气泡中，冷凝部分蒸汽，因此压力将会下降。不要误以为喷头是在“加水”——它们没有加水，因为水从冷管被带走了——但你会看到，随着一回路的压力降低，紧急堆芯冷却系统的注入流量和稳压器水位会提升。当你在稳压器中积累了足够的水时，你可以关闭喷头并回到你的平衡状态。顺便说一句，请确保随着水位的升高，稳压器的加热器不会自行打开。你可不希望压力上升！

好，现在你由此让稳压器的水位恢复正常。接下来，查看一下你的一回路中的温度和压力。即使在这一已经降低的压力下，一回路中的水温应该也远低于沸点——即“过冷却裕度”。如果不是这样，尝试从你的蒸汽发生器中排出更多的蒸汽，以降低温度。

为什么稳压器的水位和过冷却裕度很重要？因为你现在将要做一件勇敢的事：你将要开始关闭紧急堆芯冷却系统的水泵。

图 19.2 向你展示了当你关闭第一个高压水泵时将发生什么。你的注入流量将减少（大约 25%），由于一回路的水将因此出现净流出，因此稳压器的水位和压力会率先下降。尽管比之前低，你的注入流量仍然很大。请耐心一点。这一过程可能持续几分钟，但你将会发现核电站在一回路较低的压力和相应的较低的泄漏流量下达到了一个新的平衡点（与新的紧急堆芯冷却系统注入流量相等）。你已经取得了进展。

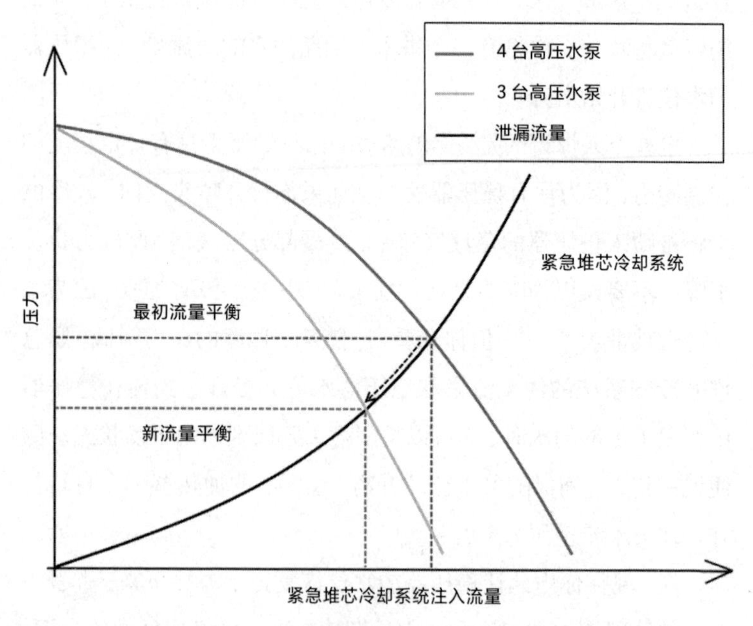

图 19.2　关闭一台紧急堆芯冷却系统高压水泵示意图

现在重复上述步骤。使用喷头恢复稳压器水位，并排放蒸汽以恢复过冷却裕度。然后关闭第二台高压水泵。之后重复操作关闭第三台水泵，此时只剩下一台高压水泵在运行。当你关闭最后一台水泵时，压力下降将更加显著，将一直下降到与紧急堆芯冷却系统的低压水泵的水泵特性曲线重合。为此你需要将更高的稳压器水位和过冷却裕度的情况考虑在内，不过你的操作流程会给出你需要的相关数值的。

顺便说一句，如果你开始担心冷却会给反应堆带来正反应性，我会告诉你，这是不必要的。紧急堆芯冷却系统水泵正在注入的水是高度硼化的（换料用水贮存箱的硼化浓度为 0.25%），因此堆芯将保持在恰当的亚临界状态。

对低压水泵进行上述相同的操作，最终你将让所有紧急堆芯冷却系统的水泵关闭，并且泄漏流量将简单地与化学和容积控制系统的上水流量相等。是不是很惊讶？其实你不应该如此惊讶：在 155 巴的一回路压力下每分钟几升的泄漏量，在一回路减压后将降低为每分钟寥寥几滴。

干得好。你刚刚让你的核电站经历了一名操作员必须能够执行的最复杂的故障恢复操作流程之一。小型冷却剂泄漏事故不会经常发生，但它们的确发生过，尤其是在尺寸非常小的破损处。因此，为应对这种情况，你花费了大量时间在训练上也就不足为奇了。

19.5　小泄漏，大问题

三哩岛 2 号机组（TMI-2）于 1978 年投入使用。它是一座压水堆，尽管采用的是比你的压水堆更早的设计。它的一些安全系统更简单，而且其蒸汽发生器的设计与你现在惯用的明显不同，它所拥有的是垂直的“贯流管”而不是“U 形管”——这种蒸汽发生器设计让二回路中的蒸汽条件更好，即使有些过热——

但在正常运转中蒸汽发生器运行时，二回路一侧的水较少，因此可能更迅速地变干。

刚刚投入运行一年后，三哩岛 2 号机组由于给水问题而遭遇了事故停堆。不幸的是，辅助给水系统此时因为维护的缘故被隔离了——这违反了核电站运行的作业规则。蒸汽发生器完全失去给水，导致其迅速变干，在此之后一回路未能得到有效冷却。衰变热导致一回路中的温度和压力迅速升高，达到了稳压器的安全泄压阀（伺服电机控制泄压阀）需要被抬起以缓解压力的程度。

错误在此刻开始出现。伺服电机控制泄压阀被卡死在打开位置（一种机械故障），但操作员们在控制室收到的指示信号却显示其已被闭合；实际上，该指示器只是显示该阀门已经发出了将要闭合的信号（你可能还记得在讨论控制室设计的章节中我提到过这一点）。操作员们现在面临小型冷却剂泄漏事故——来自稳压器的顶部——但他们对此一无所知。

一回路中的压力下降了。紧急堆芯冷却系统的水泵启动了，但压力损失严重到足以导致堆芯沸腾。与稳压器顶部的冷却剂泄漏有关的怪事之一是，它可以导致稳压器水位升高。在一开始，这样的冷却剂泄漏仅仅会导致蒸汽泄漏，而不是水泄漏，因此库存水位并没有显著下降。但是，随着压力的下降，堆芯中的水可能开始沸腾。这就是三哩岛 2 号机组发生的情况。堆芯中的蒸汽气泡替代了流入稳压器的水，致使稳压器的水位上升。

此时，操作员们（或是培训操作员的人员？）犯下了最大的一个错误。他们没有检查一回路的过冷却裕度，因此没有意识到堆芯在沸腾。他们认为稳压器水位的上升是由于紧急堆芯冷却系统的水泵注入了过多的水，因此他们将其关闭了，即使反应堆建筑物内的其他指示信号显示，一次冷却剂泄漏事故正在发生。

没有冷水注入，情况迅速恶化。一回路冷却剂水中的蒸汽气泡引发反应堆冷却剂泵的气穴现象（由于气泡而引起的振动），从而导致这些冷却剂泵也被关停了。尽管充满蒸汽气泡，反应堆冷却剂泵此前提供的水流仍一直保持着堆芯被淹没。关闭反应堆冷却剂泵意味着堆芯根本未被冷却并将开始熔化，导致三分之一以上的核燃料熔化并最终进入反应堆压力容器的下半部。

关于伺服电机控制泄压阀的误判终于被意识到，于是一个中途截止阀被闭合，冷却剂泄漏停止了。然后采用低压水泵将水注入一回路，并且反应堆冷却剂水泵最终重新打开，恢复了对堆芯的冷却。值得庆幸的是，尽管后来反应堆建筑物内的氢气被引燃，反应堆压力容器和反应堆建筑物两者仍保持完好无损。此次事故之后的某个时间，少量放射性物质泄漏到了大气中，但没有发生大规模的放射性物质释放。

三哩岛 2 号机组事故为核工业敲响了警钟，尤其是在美国。巧合的是，该事故发生在电影《中国综合征》上映仅仅两周后，该影片讲的是主人公从一座核电站的“熔毁”事故中逃生的惊险故事。三哩岛 2 号机组事故让我们看到，维护失误、操作员培训不足和仪器设计不佳等诸多因素是如何合并在一起，毁掉了一座近乎全新的反应堆的。操作员培训水平的迅速提高，更现代化的设备的设计改变，使得此类事件再次发生的可能性大大降低。例如，在一些核电站，在一次安全注入后的固定期限内，操作员是不能关闭反应堆冷却剂泵的。从严格的核安全角度来看，三哩岛 2 号机组事故可以被看作是对压水堆设计的辩护——这座反应堆即使熔化了，也几乎没有向外部环境释放放射性。

19.6 故障 4：蒸汽发生器管泄漏

一次蒸汽发生器管泄漏或破裂——破裂会导致更大的泄漏——实际上并不自成一类事故。它是一种小型冷却剂泄漏事故。但有充分的理由将其在本章中做单独讨论。蒸汽发生器管泄漏是潜在的“安全壳旁路故障”。一回路的压力（155 巴）比二回路的（70 巴）要高上许多，因此任何泄漏都是从一回路流向二回路。

一回路中的水具有放射性。它包含少量的氚（氢-3），以及一系列在穿过堆芯时可能变得具有放射性的溶解气体和腐蚀物，这些东西在正常运行时并不是问题，因为这些水被局限在一回路中，但蒸汽发生器管泄漏事故可以将这些放射性的水释放到蒸汽和给水系统中。

随后，在正常情况下的“清洁”环境——比如你的涡轮厅中——放射性剂量率可能会上升到超过本底水平。更重要的是，如果它是一次重大的泄漏（或破裂），受影响的蒸汽发生器中的压力将上升到主蒸汽管道安全阀或伺服电机操纵泄压阀足以被打开的水平。你随后会发现，你正在将放射性蒸汽直接排放到环境中。这就是我所说的“安全壳旁路故障”的意思。

作为一名反应堆操作员，你如何处理一次蒸汽发生器管泄漏事故，将决定事故所释放的放射性剂量有多大，以及会持续多久。因此，你需要花费大量时间在模拟舱中就此进行训练。你在本章中看到的所有关于事故停堆、启动安全注入以及驱动核电站降到一个低压、低温条件等内容在此仍然适用；只不过紧迫性会强一点。但区别在于，泄漏流量进入了蒸汽发生器（二回路一侧）而不是进入反应堆建筑物中。这意味着你的目标是降低一回路压力，以匹配受影响的蒸汽发生器的二回路一侧的压力。如果你能够做到这一点，泄漏将会停止。

其实，要在一座大型压水堆中做到这一点有一个诀窍，但大多数人在一开始难以理解。首先，你需要确定哪个蒸汽发生器出现泄漏。这可以通过上升的水位或进水流量的下降看出，但更有可能是由安装在二回路上的监视器发出的多个辐射警报为你揭示故障所在。一旦你获得这一信息，立即通过关闭受影响的蒸汽发生器的主蒸汽管道隔离阀和给水阀来隔离该蒸汽发生器。现在揭晓诀窍：从其他蒸汽发生器中排出大量蒸汽，以迅速降低一回路的温度和压力。你还必须注意堆芯的关停裕度（你可能不得不添加硼以保持亚临界状态），但这应该是可控的。

如果冷却得足够快，则出问题的蒸汽发生器下部（围绕管道）的水也会被冷却。靠近其顶部的水将会保持较热的状态，以将该蒸汽发生器中的蒸汽压力保持在较高水平，这有点像是稳压器的情形。我们将这个蒸汽发生器形容为“分层的”，意思是不同水层具有不同的温度。没有水流或蒸汽的流入或流出，没有任何东西干扰被分层的各层。通过将出问题的蒸汽发生器的压力保持在较高水平（大约 70 巴），你可以将一回路的压力降低至与之相同的水平，而不是眼看着所有东西都一起报销。

如果你可以控制这种快速冷却，那么与你等待一回路被完全降压相比，你可以更快地阻止水从管子中泄漏。图 19.3 显示了一旦你实现了这一“温度分层”，泄漏的蒸汽发生器与其他蒸汽发生器的对比。注意，分层的蒸汽发生器是没有给水流量并停止产生（新）蒸汽的。与之相反，尽管在一个较低的蒸汽－空间的温度下，用于冷却的蒸汽发生器仍有供水流入，并仍在产生蒸汽。

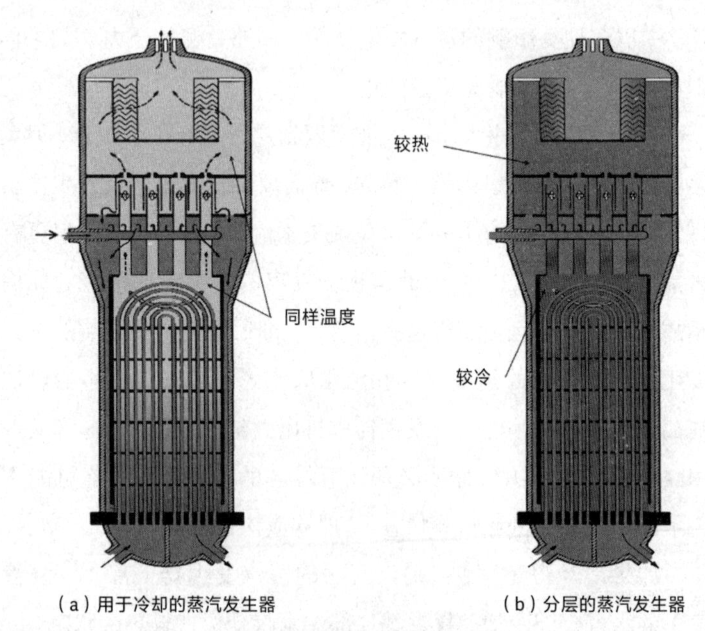

图 19.3 蒸汽发生器温度分层

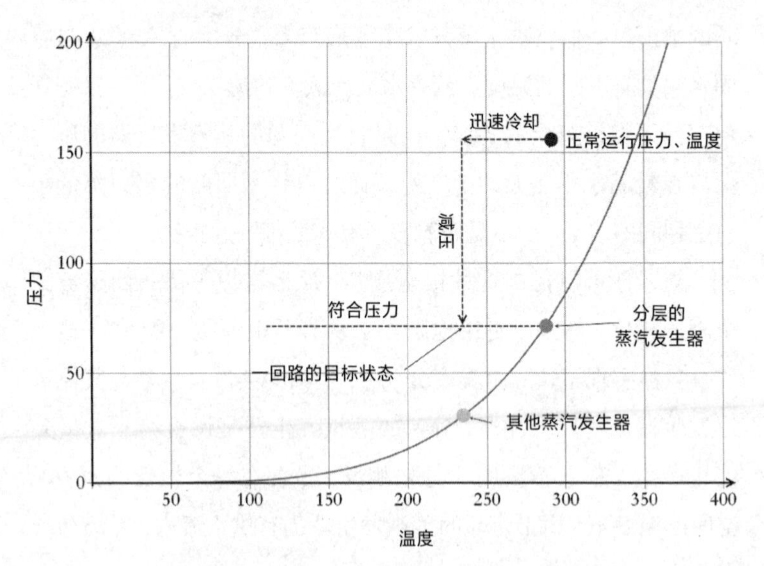

图 19.4 蒸汽发生器管泄漏之后的目标状态

图 19.4 显示了此时你预备在一回路和二回路中达到的状态。

当你在泄漏的蒸汽发生器中实现了温度分层，并且在实现其他蒸汽发生器和一回路的目标状态之后，你将能够阻止任何放射性水泄露进入蒸汽发生器或被排放到环境中。现在，遵循你的操作流程，冷却核电站并修理（或塞住）泄漏的管子。可以预见，核电站将关停几个星期。

19.7　这怎么会被接受？

你或许很好奇，如果压水堆可能经历蒸汽发生器管泄漏事故，也就是释放哪怕是极少量的放射性到环境中，那么这些压水堆是怎么会被允许运行的？部分的答案在于蒸汽发生器管泄漏在过去是比较普遍的现象。每个蒸汽发生器中有 5,000 多根管子，存在很多潜在的泄漏点。不过，旧的压水堆使用的蒸汽发生器管材料与较新的核电站使用的有所不同，而且核工业多年来在蒸汽发生器的化学性能和检查技术上进步很大。因此，一座更现代化的核电站有望运行数十年——可能是其整个使用寿命——而不发生一起蒸汽发生器泄漏事故。

要得到另一部分的答案，你可以回想一下前面有关安全性的章节（第 17 章）。你应该还记得，你的压水堆许可证的持有基于你拥有并遵循一整套“作业规则”。那么，这些规则之一就确定了一回路水的放射性上限。如果低于这一限制，那么你的安全档案的建模分析将显示，蒸汽发生器管泄漏事故释放的放射性小到足以被容忍的程度。如果你超出了这一限制——例如，在带功率运行时发生多次燃料故障——那么你别无选择，只有关停反应堆。你的作业规则中一回路放射性的限制与对此的故障分析有着直接联系。换个角度来看，遵守此作业规则，表明你对于蒸汽发生器管泄漏事故是始终做好了准备的。

第 20 章

还有什么会出错？

在故障期间，保持你的反应堆稳定的东西本身是如何成为一个问题的，我想通过向你展示这一点来开始本章。

20.1　故障 5：主蒸汽管道破裂

你可以将“主蒸汽管道破裂”看作是与冷却剂泄漏事故同等的最重要案例，只是它发生在二回路一侧。给水及蒸汽输送路径上较小的破裂和泄漏显然是可能发生的。但就像大型冷却剂泄漏事故一样，我将从大型故障开始讲述。

你的核电站中的主蒸汽管道非常巨大。四个管道中每个直径约为 0.8 米，每秒承载半吨蒸汽行进 96 千米。那么，如果其中一条破裂了会发生什么？当然，会有蒸汽从该管道中泄漏，但是，发生在与之相连的蒸汽发生器中的事件，使其变成了一个令人关注的故障。

正如你已经看到的那样，蒸汽发生器是一个饱和设备，也就是说，每一个蒸汽发生器的二回路一侧都位于沸腾曲线上，温度和压力紧密耦合。这极大地有助于核电站维持日常运行中的稳定性（参见第 12 章）。

但是，如果一条主蒸汽管道破裂了，受影响的蒸汽发生器中的压力就会如自由落体一般下降。这么说并不完全正确。实际上，在每个蒸汽发生器的顶部都有一个在某种程度上限制压降速率的限流器，但是压力仍然会迅速下降。随着压力降低，蒸汽发生器中的水会剧烈沸腾，与此同时又会非常迅速地冷却。该蒸汽发生器的二回路一侧会沿沸腾曲线滑落，在此过程中冷却蒸汽发生器管。蒸汽发生器管接下来将冷却一回路水，这意味着冷管水温将非常迅速地降低。即使考虑到回路中的水在进入堆芯之前就已混合——但其实不是非常充分的混合——反应堆堆芯将突然遇到冷得多的水。用压水堆的术语来说，这是一次“冷却故障”。

由于（负值较大的）慢化剂温度系数，较冷的水将带来正的反应性。这将导致反应堆功率迅速升高。很不巧的是，如果该故障持续了足够长的时间，控制棒在一开始将从反应堆中抽出——以响应正在下降的温度——从而使得这一功率上升甚至更加急剧。压水堆不受控制的冷却故障有可能成为重大的“过功率”故障，有损坏燃料的风险，这就是主蒸汽管道破裂这一故障值得关注的原因。

实际上，在发生主蒸汽管道破裂事故时，你的压水堆将自动事故停堆——这可能发生在你收到第一个警报之前。你可以预期反应堆将因一系列参数而事故停堆，包括反应堆功率（太高）、冷管水温（太低）、蒸汽管道压力（太低）、蒸汽发生器水位（可能一开始时太高，之后太低）、反应堆建筑物压力（太高），等等。即便如此，在你的反应堆运行周期的某些阶段，反应性最初可能已经增高到足以克服因控制棒插入带来的负反应性。换句话说，反应堆能够（短暂地）恢复到临界状态，直到足够的硼被注入而将其关停为止。

我在谈论其他的蒸汽发生器时，是基于它们没有受到这一主蒸汽管道破裂事故的影响。但这只有在它们可以被迅速与破裂的管道隔离的情况下才能成立。如果破裂是在一个蒸汽发生器和主蒸汽管道隔离阀（参见第 10 章）之间发生，那么这就很容易实现。关闭该主蒸汽管道隔离阀就将其余三条未受影响的管道与破裂的管道隔离开了。如果破裂处位于主蒸汽管道隔离阀的下游，那么这些隔离阀的关闭就将所有四个蒸汽发生器与破裂处都隔离了，从而完全终止了冷却。记住，这一切发生得是多么地快（几秒钟）。如果你的压水堆的反应堆保护系统察觉到任何主蒸汽管道或蒸汽发生器的蒸汽压力或冷管水温的突然下降，它都将自动关闭这些阀门，而这已不足为奇。这些相同的指示信号将促发一次自动的反应堆事故停堆和一次安全注入信号，因此你会很顺利地实现安全的关停状态。

与冷却剂泄漏一样，也有很多其他可能的——但小得多（且更可能出现）的——二回路上的管道发生泄漏，并可能导致一个蒸汽发生器的冷却。一个简单的故障例子是主蒸汽管道安全阀（参见第 10 章）卡死在打开位置。用蒸汽需求的术语来说，这代表额外 5% 的蒸汽需求，因此反应堆功率将上升 5%。在你的压水堆中，这甚至可能都不会导致一次自动的反应堆紧急停堆，因为自动停堆的设定值更接近于 110% 的功率。

主蒸汽管道安全阀卡死在打开位置时，操作员们会采取明智的做法：迅速将涡轮机负载降低 5%，使总蒸汽需求和反应堆功率回到限制范围内。然后，他们要找到关闭该阀门或关停核电站的方法。甚至发生过更小的冷却故障的实例，可能是由于蒸汽管道上的一个排放口出现泄露造成的，操作员只需将涡轮机功率降低几兆瓦即可进行补偿。在此你应注意的是，压水堆短暂的超功率通常不是问题。事故停堆后的大多数表现是受到衰变热的影响，因此它们受过往功率史的影响要远大于受事故停堆前的瞬间功率水平的影响。

20.2 故障 6：严重事故

现在你已经熟悉了教科书上的压水堆故障，值得花点时间考虑事情有可能变得多糟糕了。现在要谈论的是"严重事故"的主题，其特点是堆芯冷却效果是如此之差，以至于可能发生严重的燃料熔毁（就像三哩岛 2 号堆所发生的那样）。

压水堆极少有严重事故发生（商业压水堆只发生过一次），尽管福岛的沸水反应堆事故多少与这有些相似。这意味着这一主题的许多内容只是基于实验（既有小规模实验，也有大规模实验）和计算机建模。话虽如此，已经进行过很多实验和计算机建模，因此人们对一次严重事故会如何发展已具有广泛的共识。

根据定义，严重事故指的是未能充分冷却堆芯的情况。在一座现代压水堆上你是如何搞成这样的，谁也说不清。基于大量不相关的系统共同酿成一个问题或它们同时受到损坏，才会搞成这样。这不是不可能的。但与你已经看到的故障相比，它的可能性非常之低。

首先是燃料：反应堆无法冷却，因此燃料将遭受煎熬。当产生衰变热的燃料没有被浸没从而没有被冷却时，将发生一系列的物理和化学过程。其中一些过程——例如锆合金燃料包壳与蒸汽的反应——将通过增加热量使情况变得更糟。其他的效应，如一回路中的强对流，则可以带走一些热量。显著的燃料损坏不会立即发生，因此对操作员而言有介入并重新建立堆芯冷却（如果他们可以的话）的机会。他们的操作流程将突出所有相关内容。但是我们在此谈论的是严重事故本身，因此让我们继续回到正题上来……

如果燃料冷却没有被重新建立，堆芯将开始熔化。不幸的是，由于燃料元件细棒单体的几何形状以及它们之间的间隙会因熔化而消失，这使得重新建立有效的堆芯冷却更加困难了。熔化还会使（失效的）燃料元件细棒从内部释放出放射性气体和挥发性化学物质。如果这一故障是由冷却剂泄漏导致的，那么这些放射性裂变产物将可能进入反应堆建筑物。从好的方面来看（是的，有一个好的方面），燃料元件细棒的几何形状的丧失也意味着反应堆几乎不可能达到临界状态，即使你让冷却水重新回到反应堆压力容器中。

部分熔化的堆芯可能会向下移动，到达反应堆压力容器的底部。这种物质通常被称为“堆芯熔融物”，因为是来自堆芯的熔化混合物，它通常具有非常高的温度。如果有大量的堆芯熔融物——在三哩岛 2 号堆事故中约为 20 吨——其热量可能导致反应堆压力容器损毁。堆芯熔融物模拟实验表明，损毁可能以一个小洞作为开始，之后进一步扩大，乃至更为剧烈地大幅撕开反应堆压力容器。

因此，让我们先退回一步。我们从裂变产物泄漏的三道屏障亦即燃料与包壳、一回路和反应堆建筑物开始。在这种情况下，我们的这一不明确的“严重事故”已经使得第一道和第二道屏障失效。因此，现在我们将所有的努力都放在保护第三道屏障上，即保护反应堆建筑物。因为此时只有它挡在报废的反应堆面前，并对一次严重的放射性物质释放做出响应。那么，有什么可能威胁到反应堆建筑物呢？

最初的故障和后来的反应堆压力容器损毁可能导致反应堆建筑物内产生高温和高压。但是，正如你已经看到的那样，这些建筑物很大很坚固，并且（在很大程度上）是空旷的，可以承受大量蒸汽释放和膨胀而又不致使建筑物遭到损坏。作为一名操作员，你无法控制这一状况——这是设计的一部分——但是，任何你能在建筑物内运用的冷却手段都是有利的。最终，你将找到一种让建筑物冷却（或通风）的方法，以防止它因过热或压力过大而被破坏。在世界范围内，有许多可以实现这种冷却的方法。

下一个我们可能担心的危险是氢气。氢气产生于锆合金燃料包壳与蒸汽之间的反应。在一次严重事故中，还有其他的产生氢气的途径，有些是通过化学反应，而有些是通过辐射。这些氢气可以被释放进入反应堆建筑物中，在那里它将与空气混合，且随后可能被点燃。在三哩岛 2 号堆事故中，故障后的几小时就出现了氢气燃烧，导致反应堆建筑物内压力飙升了接近 2 巴。早期的压水堆有电动复合器来去除这种故障中所产生的氢气。尽管必须承认，如果你有电力来干这个，那么你不太可能遇到严重事故。包括你的核电站在内，更现代的核电站都拥有在没有电力供应的情况下被动工作的“催化复合器”。这就是在现代核电站中氢气不被认为是重大危险的原因。

最后，从反应堆压力容器底部掉落的堆芯熔融物可能对反应堆建筑物的地板（“底板”）构成潜在的威胁。一些现代化的压水堆有特殊的地板冷却区域，可让上述物质安全地摊开来。其他反应堆的应对方式更为典型，通过在反应堆压力容器下方注水——“反应堆建筑物注水”。虽然这将增加反应堆建筑物内的蒸汽产生量，但实验表明，剧烈沸腾会将堆芯熔融物打碎为小的、可冷却的碎片，从而防止了其对反应堆建筑物的底板的威胁。

20.3　福岛第一核电站

2011 年 3 月 11 日，日本沿海发生了非常严重的地震；地震的震级是有史以来最强的。（人类史上最强的地震为 1960 年 5 月 22 日发生于智利的大地震，震级达到 9.5。2011 年 3 月 11 日发生于日本的地震震级为 9.1，故原文可能有误。——编者注）地震造成的海啸席卷了日本本岛的海岸，造成了近 16,000 人不幸遇难，以及 2,500 多人失踪。

福岛第一核电站有 6 座反应堆。它们都是 20 世纪 60 年代末至 70 年代初的早期沸水反应堆。特别值得注意的是 1 ~ 4 号反应堆的位置非常靠近大海，彼此的距离也非常近。5 号和 6 号反应堆与前四座距离稍远，离大海的位置也稍微远一点。

地震发生时，1 ~ 3 号反应堆处于带功率运行状态，而 4 ~ 6 号反应堆已关停（4 号堆的燃料已经被移出）。按照它们的设计，1 ~ 3 号反应堆应该因响应地震而自动关停。

然而，地震发生约 50 分钟后，当海啸抵达该站时，海啸冲过了防浪堤，导致了大面积的水淹，淹没了包括备用发电机建筑物和其他用于冷却和控制1~4号反应堆的基础设备。1~3号反应堆的冷却功能失效了，同样失效的还有每座反应堆（包括4号反应堆）上方的燃料储存池的冷却功能。5号和6号反应堆有足够的设备幸免于淹没并保持了冷却功能，因此不再赘述它们。

反应堆操作员们尝试了许多不同的方法，试图把发电机和电池连接到反应堆的冷却系统，但是海啸破坏了当地道路，这使得将任何其他的设备运输到现场都变得非常困难。

1~3号反应堆的每一个堆芯都经历了严重的熔化和损坏，产生的堆芯熔融物掉到了每个反应堆建筑物中更低的层次中。与现代化压水堆不同的是，这些早期沸水堆的反应堆建筑物没有被设计为足以应付严重事故。随着这些建筑物中的压力上升，最终必须为反应堆建筑物通风才能避免它们被破坏。由于大规模的燃料损坏，通风排出的气体中富含氢气，并在通风过程中导致了爆炸。在随后几天里，这些反应堆建筑物上方的氢气爆炸通过电视屏幕呈现在全世界面前。

4号堆上方的燃料池遭受的破坏不如最初所担心的那么严重（它如今已被清空）。事故后，福岛第一核电站的清理和净化工作进展相对顺利，但是由于堆芯熔融物周边极其高的辐射水平，净化将需要很多年才能完成。

在日本，针对操作员和监管者的许多批评都集中在对海啸的“合理预见性”不足，以及防波堤抗击自然灾难的能力不足之上。福岛事故发生后，国际反应包括关闭一些较旧的沸水堆（例如德国），以及其他核电站对被认为是恰好超出其设计基础的事件做更深入的准备，尤其是那些可能包含多重设备故障的核电站。

20.4 从长远来看

正如三哩岛 2 号堆和福岛核电站所证明的那样，即使发生了一起严重事故，核电站要达到一种安全、稳定的状态仍是可能的。在一座现代压水堆中，甚至可以在不向环境释放大量放射性物质的情况下达到这样的状态。那么，接下来要做什么呢?

接下来是“清理”的部分。保持冷却，与此同时让半衰期较短的裂变产物发生衰变。剩下的废物（可能包括之前熔化的堆芯熔融物）将被定位、描述、移除和打包。这一过程既费钱又费时，却是可以实现的。

20.5 处理严重事故的最佳方法……

……其实并没有最佳方法。

你需要做的是，建造一座现代化的、设计良好的、具有三到四套安全设备以及坚固的反应堆建筑物的核电站；对操作员进行全面的培训，包括广泛的事故处理流程；了解所有内在和外部、自然和人为的潜在危险；全面维护设备，并对国际操作经验保持开放的心态。

始终以故障即将发生的心态来运营核电站，这样，你才可以阻止任何故障发展为一场严重事故。

第 21 章

当燃料耗尽

随着核燃料在日常运行中逐渐消耗，你的反应堆将失去反应性。为了保持它的运行，你将慢慢地把一些硼从一回路中稀释出来，从大约 0.15%（在反应堆全功率时）开始，可能每天稀释 $2\times10^{-6}\sim3\times10^{-6}$。你可能会认为，你可以一直这样稀释下去，直到 0 为止。但正如你已经看到的，在实践中，你可能想要在此之前就停止稀释，以免不得不使用大量的水来继续稀释（参见第 12 章）。当时机成熟时，你应该已准备好为你的反应堆更换燃料了，准备好开始你的下一次换料停堆期了 ——“停堆期”只是“关停一段时间”的另一个说法。

21.1 减载

有一种方法可以捞回一些反应性 ——降低功率并从其功率

亏损中获得反应性。一般情况下，你会发现，如果你每天降低大约 1% 的反应堆功率，你可以弥补燃料消耗带来的反应性的损失，我们称之为“减载”。从操作员的角度来看，这是很容易的操作。你只需停止（目前已经很大量的）稀释，转而每隔几小时就将涡轮机的功率降低几兆瓦。这么小的功率变化，氙的瞬变量不太可能成为一个问题，并且由于一切变化得如此缓慢，将很容易预测轴向通量差。

另一方面，如果你要减载，你的核电站将损失输出，因此这看上去大概是一件奇怪的事？但是，假设你在运行周期一开始，在为堆芯加入燃料时，就已经定下了下一次换料停堆的日子，比如说，500 天之后。如果已经快要过完这个运行周期，然后，此时因为关键的承包商不能按时供货，而可能不得不将下一次停堆期的日子推迟两周，那该怎么办呢？你要怎样使反应堆再运行 14 天呢？在这种情况下，减载是一个明智的选择。这样一来，即使在这两周结束之前，反应堆只是以满幅输出电量的 85% 发电，但这也比关停两周并干等着承包商送来燃料要好得多。

一些核电站甚至为其堆芯设计了每一运行周期中的计划减载期，因为这可以增加燃料的总体消耗；当你为每个燃料组件付出了如此多钱时，尽可能地利用每个燃料组件（前提是反应堆仍然处于燃耗的安全档案限制之内）才是明智的。

21.2　关停

为一次停堆期关停反应堆只是另一种改变功率的方式。因此，你可以用其他改变功率的方法来处理它。将涡轮机的负载缓慢降低，并硼化一回路以抵消你从功率亏损中找回来的反应性。这听上去有点怪异，因为你大概已经花费了几个月的时间来稀释硼浓度，以保持功率稳定，而现在你却要反其道而行之！

当你接近一次运行周期的尾声时，功率的变化情况可能会变得有些复杂。慢化剂温度系数变得非常负向，因此即便是温度（能量）的小幅变化都需要用大量的硼来抵消。控制棒的每一步移动可能都不会带来像在周期开始时那么多的负反应性。与其他燃料组件相比，控制棒对应的核燃料组件现在可能在以相对其他的核燃料组件更低的功率运行，因此控制棒影响的中子通量可能变少了。最后，氙在一个周期的尾声时可能会猛增。在堆芯顶部和底部可能会形成不同的氙浓度，导致反应堆中产生四下移动的氙瞬态！如果你所要做的只是关停反应堆，那么所有这些都不是什么大问题，但是这可能会使得反应堆更难在较低功率下稳定运行。因此，一旦你开始降低反应堆功率，那就继续降低下去……

当你的涡轮机以一个足够低的功率运行时，你需要断开其与电网的连接，并让它停转。你的反应堆将仍以低功率运行并排放蒸汽，此时你既可以将控制棒插入并让功率一直降低，也可以简单地使用大号红色按钮让控制棒全部落入反应堆。就像一次预料之外的事故停堆之后一样，你的首要目标是在正常运行压力和温度下使核电站稳定下来。

21.3　冷却

看一下图 21.1 中的冷却曲线。这一次，我标记了正常运行时的压力和温度（反应堆关停后，热管水温和冷管水温之间只有很小的差异），这就是反应堆现在所处的状态。你需要做的是让黑点向左下移动，即让一回路压力为零且冷却到足以维持停堆期。

你怎么才能做到呢？

你不能只是降低压力，否则你会止步在沸腾曲线上——一回路中的水会变成蒸汽！同样，你也不能只是降低温度，否则你会面临一回路破损的风险，因为较冷的钢会失去其强度。你应该做的是，同时降低温度和压力，就像我在图 21.1 中用虚线所示的一样。这并没有听起来那么难，因为你可以分开控制压力和温度。

一回路压力是通过稳压器控制的。如果你关闭所有稳压器的加热器，随着稳压器冷却，压力将缓慢下降。对于你来说，这可能不够快，因此可以考虑使用稳压器的喷头。喷头阀门打开得

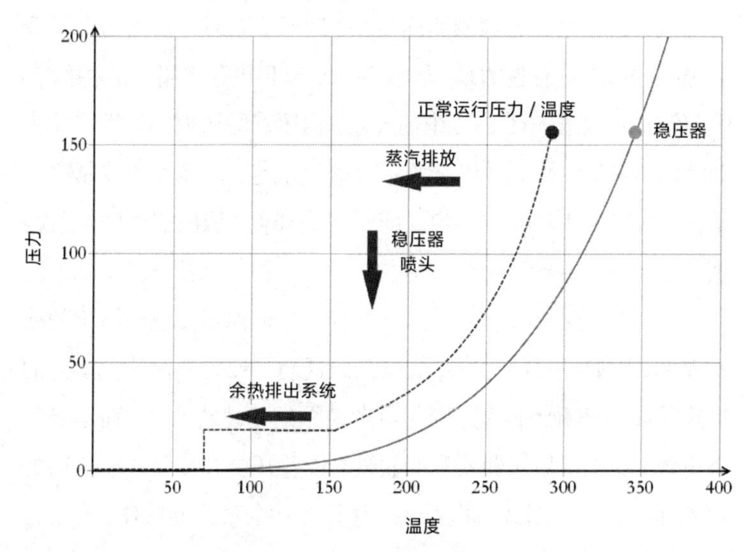

图 21.1　冷却曲线示意图

越大，压力下降得越快。请记住，喷头的水来自冷管。因此，至少在一开始，它要比稳压器中的蒸汽泡泡冷得多。

一回路温度的控制方法与它在正常运行时的控制方法并无不同，即通过使用蒸汽发生器二回路一侧的蒸汽压力。你的涡轮机已关闭，但你仍然可以将蒸汽排到涡轮机冷凝器中（如果冷凝器不可用，蒸汽可以通过伺服电机操纵泄压阀排入大气）。最初，排出蒸汽的压力约为 75 巴。这将让蒸汽温度连同冷管温度都刚好保持在 290℃以上，这是在正常运行时的压力和温度中正常温度的部分。为了冷却一回路，你将蒸汽排放压力调整得稍低了一点。这将增加蒸汽排放量，从而降低蒸汽发生器内的压力。由于蒸汽发生器是饱和设备，这也将降低二回路一侧的温度，进而反过来降低返回反应堆的水的温度（冷管水温）。

现在进行到巧妙的部分了：如果你逐渐降低蒸汽排放压力并打开稳压器的喷头阀门，那么你就能够将一回路的温度和压力一起降低。这会使你远离沸腾曲线，并确保不会对一回路的钢材造成过大的压力。有趣的是，尽管冷管水温和热管水温（非常接近）的下降似乎是遵循图 21.1 中的虚线，稳压器的压力仍将沿着沸腾曲线向下移动，此时其内部仍然有蒸汽泡泡，但你无须控制这一情况，物理规律将替你搞定。随着压力降低，稳压器中的水急剧蒸发成蒸汽并冷却。蒸汽气泡与稳压器内的水保持在平衡状态。

老实说，这比听上去要困难一点。如果你想要达到恒定的冷却速率，比如说每小时冷却 25℃，但这与二回路一侧蒸汽压力的恒定下降速率并不匹配，因为后者遵循的是沸腾曲线，而不是一条直线。另外，稳压器喷头的效果会随稳压器和冷管水温之间的温差而变化。在旧式核电站中，这曾是一个艰难的操作，常常令操作员手忙脚乱！

你在一座现代化的压水堆中工作。你可以在蒸汽排放系统中选择你想要的冷却速率，然后自动控制系统将计算出这对于蒸汽压力变化意味着什么。类似地，如果控制系统的表现遵循图 21.1 中的虚线，它们就能够控制稳压器喷头，给你想要的压力，无论你处于冷却的哪个阶段。将这一过程设为自动运行，你就可以在大约 8 小时内得到一个冷却、低压的一回路。

21.4　反应堆冷却剂泵

你会对你的反应堆冷却剂泵做什么呢？每台冷却剂泵都会给一回路增添 5 兆瓦或更多的热量，因此在你冷却反应堆时，让它们都保持运行没有多大意义。然而冷却剂泵可以使冷却液很好地循环，可改善向蒸汽发生器的热传递，并在你改变硼浓度时确保充分的混合。折中办法可能是关闭你的四台冷却剂泵中的三台。这样既可以最大限度地减少热量输入，同时又可以使冷却剂保持良好的循环：通过运行中的反应堆冷却剂泵的回路泵入，再从其他三台的回路流出。这听起来很奇怪，但运行效果却很好。注意，你需要仔细选择使哪一台反应堆冷却剂泵运行：它需要位于稳压器喷头供水的回路上（请记住，是来自运行中的反应堆冷却剂泵的压力驱动喷头的水从冷管上到稳压器顶部）。

运行中的反应堆冷却剂泵还有一个小小的附带问题，那就是密封。因为如果反应堆冷却剂泵在非常低的一回路压力下运行，则密封状态可能受到破坏。在正常运行中，一回路中的压力会向上推动反应堆冷却剂泵的叶轮，而反应堆冷却剂泵的主轴和密封部分就是基于这一点设计的。当一回路压力降到 20 巴以下时，给反应堆冷却剂泵的向上的压力不足，于是其自身质量就可能导致其往下压，从而破坏密封性。这就是图 21.1 中的虚线在降到 20 巴的压力后即保持稳定的原因。此时温度已经低到不再需要仅有的那台运行中的反应堆冷却剂泵。一旦关闭最后一台冷却剂泵，就可以进行最后的减压和冷却了。

21.5 硼

你应该还记得，在你降低反应堆功率时需要添加硼。其作用是抵消功率亏损，也就是随着反应堆功率降低而发生的反应性升高。即使在反应堆关停状态下，也需要继续这一操作。慢化剂温度系数和燃料温度系数在功率下降过程的大多数时候都保持负值，因此当你冷却一回路时，反应性将增加。在一个运行周期的尾声时，这不太可能成为一个问题，但是你将在几天之内为反应堆更换燃料，而这将大大提高反应性。如果你不是在足够高的硼浓度下更换燃料，那么你冷却的反应堆将在所有控制棒插入并且反应堆顶盖开启的情况下达到临界状态……

因此，尽管反应堆已被关停，也要继续硼化。一个现代化的核电站可能需要浓度约为 0.25% 的硼化水，以确保在更换燃料期间和之后，反应堆都以足够的裕度（比如说，5 尼罗）维持在亚临界状态。这并不是那么困难：随着一回路的冷却，你需要将大量的水（超过 50 吨）添加到一回路中，以补偿温度下降时一回路中水的体积收缩。你只需要将硼添加到这一补充水流中即可。

21.6　化学家说了算

在正常运行时，一回路中被注入了大量氢气，用以排出游离的氧气，从而最大限度地减小管道腐蚀。现在，你遇到一个问题：如果你在低温时强行打开一回路，则氢气会从溶液中逸出，并可能与空气混合而引起火灾或爆炸。你可不希望发生氢气爆炸，你需要去掉氢气并用氧气代替它。在低温下，腐蚀不是大问题，因此这是一个合理的替换。但是要如何操作？

这将通过使用化学和容积控制系统中的容积控制箱来实现。氢气通常是在容积控制箱中被导入一回路的水中，所以现在化学家用一种惰性气体（氮气）将氢气从该水箱中除去并替代它。随着一回路中氢水平下降，化学家可以通过添加能够释放氧气的化学物质，例如过氧化氢，来加快向氧化状态的转换。这也是使最后一台反应堆冷却剂泵保持运转一天左右的另一个充分理由——确保一回路中的水被均匀混合，直到这一化学转换完成。最终，化学家将告诉你，此时关闭最后一台反应堆冷却剂泵并打开一回路是安全的。在化学家这么说之前，你不能进行下一步。

在旧式核电站中，一回路水中的氢被替换为氧的这种转换曾导致许多放射性腐蚀产物溶解在水中。一回路中的水会突然变得极具放射性，这是一种被美国人称为“积垢爆发”的现象。在你工作的更现代化的核电站中，由于更好的化学控制和现代材料的应用，积垢爆发几乎不会发生。

21.7 冷却状态下继续冷却

你现在面对的是相对较冷的、低压的一回路和二回路。但是，如果已没有任何东西发热或者沸腾，你又该如何去除衰变热呢？答案是利用图 21.2 所示的余热排出系统。

这是一个泵送系统，它从四条热管中取水，然后将水送回到四条冷管中，使之从冷管流经堆芯，然后又回到热管中——不流经蒸汽发生器管。在一回路水通过余热排出系统的路径上，它由一套被称为设备冷却水系统的封闭回路的冷却系统进行冷却。

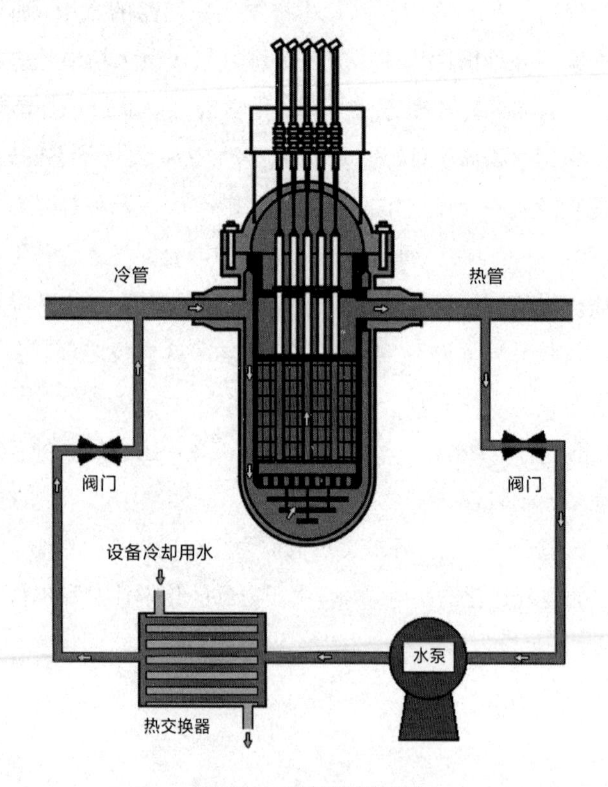

图 21.2　余热排出系统

设备冷却水系统冷却的是核电站中对核安全至关重要的所有设备，包括反应堆建筑物、安全注入泵、控制室、保护系统计算机，等等。在现代核电站中，设备冷却水系统通常像其他安全系统一样分为两到四组，在电网损耗的时候，将用基础柴油发电机供电。设备冷却水系统本身反过来又通过某种开放回路的冷却系统进行冷却，例如海水冷却系统或风冷散热器（如果走运的话，你也可以同时使用两者）。

余热排出系统的设计并不是为了在全温度和全压力下从你的堆芯中移除热量，但你可能会在冷却操作流程进行到大约一半时，打开将其与一回路隔开的阀门并开始使用该阀门。短时间内你将通过它与排放蒸汽的蒸汽发生器共同排出热量，但你最终将停止蒸汽排放并只使用余热排出系统。这很重要，因为对于从现在开始发生的事情来说，蒸汽发生器已经帮不了你了。

21.8　吊起顶盖

回想一下第 6 章中对一回路的描述。你还记得反应堆压力容器的顶盖是用螺栓固定的吗？这些螺栓（或双头螺柱）大约有 50 个，每个重约 1/4 吨。你要使用巨大的液压扳手——或双头螺柱张紧器和反张紧器——来松开它们。一旦完成此操作后，螺栓就可以被卸下，反应堆压力容器顶盖就可以被吊起。反应堆压力容器顶盖重达 150 吨，但吊起它也不困难：反应堆建筑物里仍然保留着用以建造这座核电站的起重机，它之前曾吊起超过 400 吨的反应堆压力容器本身，因此它可以轻易地吊起反应堆压力容器顶盖。在彩色插图 4.8 中，你可以看到一个顶盖从反应堆压力容器上被吊起。在顶盖的下方，你还可以看到一些冒出反应堆压力容器上部内构件顶部的控制棒驱动轴（参见第 6 章）。

卸下反应堆压力容器顶盖（并将其放在反应堆建筑物的一侧）后，你现在要做的是一件对于没有在压水堆（或沸水堆）工作过的人来讲非常奇怪的事。你将用超过一千吨的硼化水淹没反应堆上方的不锈钢腔（燃料加注腔，彩色插图 4.8 中所显示的是无水状态）。这些水来自换料用水贮存箱，因为此时的一回路已冷却并减压，因此安全注入不再需要这些水。从现在开始，你对反应堆所做的一切操作都将在水中进行。

水的作用很大。它从燃料中带走热量，为你（操作员）遮挡来自燃料的辐射，而且（最棒的是）你可以透过水看到你正在进行的操作！如果最后一点听上去不那么重要，你可以想象另一种反应堆设计，即在厚重的屏蔽层之后用小小的仪器进行远程燃料处理……

彩色插图 4.9 展示了一个被淹没的压水堆燃料加注腔。在这张照片中，上部内构件已从反应堆压力容器中移出，并浸没在水下的腔体内。你可以看到堆芯中核燃料组件的顶部，其中一些核燃料组件已被移出。你还可以看到供两条热管连接的开口。请注意，此时控制棒已经从其驱动轴上松开，因此在上部内构件被抬起时，这些控制棒留在了燃料中。

21.9 移出燃料，重组组件，更换燃料

在每次停堆期，大多数压水堆将整个堆芯移至反应堆建筑物旁边的燃料储存池中。这似乎是一件奇怪的事情，因为我们只需

要为核燃料组件更换大约三分之一的新燃料。但这么做有两个很好的理由。一方面，将所有燃料从反应堆建筑物内移出，使得你可以关停并维护与反应堆有关的所有安全系统，你只需要保持燃料储存池所需的安全系统正常运行即可。另一方面，也可能是更为重要的是，保留在反应堆中的燃料将被移动到不同的位置。在一个装有部分燃料的反应堆内部这么操作是一件相当恼人的事情。特别是因为你还不得不在核燃料组件之间拣出和移动控制棒，以使它们位于正确的位置。有些核电站确实是这样操作的，但移出整个堆芯是绝对更为普遍的做法。

我们要怎样移动核燃料组件呢？用一台小型起重机（称为“燃料加注机”）一次将一个核燃料组件从堆芯中吊起并将其存放在一个吊篮中，然后将它（在其侧面吊住）运送到燃料储存池中。一旦进到池中，再用另一台小型起重机将其放置在垂直的存储架中。通常，一小时内可以从堆芯上移出四到五个核燃料组件。因此，卸载整个堆芯燃料组件所需的时间不到 2 天。彩色插图 4.10 显示了一个受辐照的核燃料组件被从堆芯中吊起的情形。你注意到蓝色的光芒了吗？这就是切伦科夫辐射——一种将放射性很高的东西放在水中所导致的效应（看看这令人着迷的颜色）。对一名物理学家来说，这是一个受辐照的核燃料组件具有致命放射性的指示信号，但这一切都发生在水下（至少 3 米深的水），而这样可以冷却它并形成屏障。就算整天都站在被淹没的燃料加注箱旁边，也不会受到任何可被检测到的剂量的辐射。

一旦燃料进入储存池，控制棒等堆芯组件就可以在存储架上的核燃料组件之间迅速地重组，而无须搬动核燃料组件本身。存储架也含硼（像燃料储存池中的水一样），因此没有进入临界状态的危险，哪怕控制棒已被移出了。重组一个完整的堆芯只需要一天左右的时间，因为并非每个堆芯组件都需要被移动。

更换燃料基本上是移出燃料的反过程，使用相同的起重机和吊篮。但记住，部分返回堆芯的燃料现在是新鲜的燃料。这些新燃料在停堆期几个月前就已经提前交付，并且在燃料储存池的架子上等着你了。一些控制棒很可能在卸下后被重组进了这些新燃料中。更换燃料往往比移出燃料要多花费几小时，而把燃料放入压力容器要比取出它更费力，因为受辐照的核燃料组件往往有一点内凹或弯曲，所以不得不小心放置。新的堆芯的反应性比旧堆芯要大得多（多了约 20 尼罗！），因此，随着堆芯被安装好，你要仔细监控中子通量，以避免其接近临界状态。

21.10 原路返回

重新安装堆芯后，上部内构件会被吊起，且控制棒将被重新锁紧在其驱动轴上。水从燃料加注腔中排出（返回至换料用水贮存箱中），一个水腔净化系统将一直保持其净化状态。反应堆压力容器顶盖将被放回原位，并用螺栓旋紧固定在反应堆压力容器上。这听起来很简单，但光是排干并净化腔体以确保下次换料时清洁无瑕，就要花上好几天。

现在你将要忙起来了。在重新投入运行前，在停堆期被关掉并进行维护的所有核电站系统（包括安全系统），都不得不重新调试并进行测试。其中许多工作需要控制室中的操作员的参与。停堆期是进行其中某些工作的唯一机会，因此即使是在一次轻装载的换料计划中，也可能包含 10,000 多项单独的工作任务。

给一回路重新注水（水重新进入稳压器），加压并启动第一台反应堆冷却剂泵，然后其中的化学气体被重新调整为氢气。一旦完成这些操作，就可以开始加热了。减低余热排出系统的冷却功率并启动全部四台反应堆冷却剂泵。同样，在现代化核电站中，自动系统会在加热时保证压力和温度的变化趋势保持一致。但是在压力和温度的上升过程中可能还有很多测试要做，因此其上升不会太快。随着压力的升高，你将隔离余热排出系统，转而开始排放蒸汽。在一两天内，你将让核电站达到正常运行时的压力和温度，然后就可以开始考虑让反应堆达到临界状态。如果停堆期的一切都按计划进行，关于涡轮机的所有工作都将完成，它将做好准备迎接蒸汽的到来。

21.11　物理测试

你可能会认为，现在要做的就是遵循反应堆的正常启动流程，就像你在前面的章节中看到的那样。但你错了，你的新反应堆与你仅仅几周前关停的那座反应堆是完全不同的家伙。它现在具有多得多的反应性，并且其慢化剂温度系数也会更负向（因为硼的含量更高）。甚至控制棒对反应性也有不同的影响，因为它们现在可能会落入的是新的燃料组件中。你现在需要像是接手了一座新核电站那样来对待这座反应堆，为此所做的那些工作被称为“物理测试”。

物理测试以让反应堆达到临界状态为开始，但这不是通过抽出控制棒实现的。你需要通过缓慢稀释硼浓度来做到这一点。出乎意料的是，这是在所有控制棒都完全抽出的情况下完成的。

但这并没有什么问题，因为硼浓度在一开始非常高（在你的反应堆，它在燃料更换时约为 0.25%）。实际上，这些控制棒已经被全部抽出过一次，以测试当反应堆事故停堆按钮被按下时，它们是否能足够快速地全部掉入堆芯，这是另一项只能在具有高硼浓度的停堆期进行的测试。

稀释硼浓度以达到临界状态是一个比抽出控制棒更慢的过程，或者可以说，是一个达到临界状态的更加谨慎的方法。你将得到一个预测的临界硼浓度，但这是基于计算机建模，而不是基于对上一次临界状态而做的简单改变。

一旦达到临界状态，堆芯特征——诸如慢化剂温度系数和控制棒反应性影响值等——就可以在非常低的功率下被测量了。随着功率升高，接着进行的是对反应堆内功率分布的测量。在短短几天内，物理学家们就能够确认你的堆芯的表现符合预期，然后你就可以恢复正常操作流程。

21.12　之后

回到稳定的全功率运行不需要花费太长时间。如果现场曾有许多核电站承包商，而这时他们都回家了，因此这个地方看上去将非常安静。但你需要对维护后运行得不是特别好的任何东西都保持警惕，因为这可能迫使你再次关停反应堆。普遍认可的成功换料的标准是核电站在接下来的 100 天里能够稳定运行。你不相信吗！500 天则是一个优秀的换料后运行期——一直到下一次换料。

你最好现在就开始为之制订计划。

第 22 章

其他可用的反应堆设计

本书主要是关于压水堆的。压水堆为世界上 450 座核电站中的 2/3 提供动力，此外还有更多压水堆在建设中。但是，压水堆不是唯一的反应堆设计。因此，在本章中，我将（简要地）向你展示其他的一些设计……

22.1 一点点历史

在本书的开头，我介绍了芝加哥 1 号堆。显然，芝加哥 1 号堆不是一座核电站，但它确实证明了使用铀作为燃料的人为链式裂变反应的可行性。我相信参与该项目的科学家和军人都意识到了一座核反应堆可以在未来的某个时候提供一种紧凑、高效且持久的能源，但核电站并不是他们参与的项目。他们试图制造的是一枚核弹。

参与美国核武器计划（“曼哈顿计划”）的科学家们意识到，他们可以通过两种方式制造这种武器。首先，他们可以将天然铀从地下开采出来，并使铀-235 的含量从 0.7% 升至 80% 以上。其次，他们可以使用以铀作为燃料的反应堆来生产钚-239，通过化学手段将钚-239 与铀分离，而无须使用浓缩技术。

两种方案都成功了。落在日本广岛的核武器是一枚铀-235 炸弹（代号“小男孩”），落在长崎的一枚是钚-239 炸弹（代号“胖子”）。在本书中我不会再谈论核武器及其发展历史，市面上已经有很多关于这一主题的书。我想说的是接下来发生的事情。

我称曼哈顿计划为“美国”计划，但英国和加拿大的科学家以及从一些被占领的欧洲国家逃离的科学家也深入参与其中。英国和加拿大可能希望曼哈顿计划的合作能够在战后继续下去，但他们大失所望。美国人在 1946 年的立法（《麦克马洪法案》）事实上将其盟友排除在核计划之外，并禁止共享所有进一步的核技术。这解释了美国、加拿大和英国在发展自己的核技术方面采取的是不同路径的原因。

此时美国已经建立了铀浓缩厂，因此能够发展使用浓缩铀的反应堆。在设计上，浓缩铀可以抵消由于正常水（轻水）中的氢原子俘获中子而导致的中子损失。美国人继续开发的主要是使用浓缩铀的轻水反应堆，例如压水堆和类似的沸水堆（见下文）。

相形之下，加拿大没有铀浓缩厂，因此不得不建造以天然（未浓缩的）铀为燃料的反应堆。使用轻水无法做到这一点，但使用重水是可能的。重水是一种大多数氢-1 原子被氘代替的水。氘是一种具有额外中子的氢同位素，因此其对中子的俘获能力较弱。碰巧的是，加拿大对曼哈顿计划的重大贡献之一就是建造和运营了一座利用电解法生产重水的工厂。考虑到这些因素，对于加拿大而言，专注于使用天然铀燃料的重水反应堆——加拿大重水铀反应堆（Canadian Deuterium/Uranium，CANDU）——是非常合理的。

英国在二战结束时没有铀浓缩厂和重水生产设施。由此可见，英国早期的反应堆很明显需要使用中子俘获能力低的慢化剂，并且不得不使用空气或其他气体进行冷却，而不是水。这导致了使用天然铀 / 石墨慢化的反应堆的出现。英国早期的反应堆（例如，在 17 章提到的温茨凯尔反应堆）都是气冷堆，而且不用于发电，唯一目的是生产核武器级的钚。随后的发电反应堆则使用二氧化碳气体作为冷却剂；二氧化碳价格便宜，惰性相对较大，而且相比氮气之类，其俘获中子的能力要弱得多。直到 20 世纪 80 年代后期，英国才决定转而建造当时更常见的轻水反应堆（压水堆），并建造了塞兹韦尔 B 核电站。

我将在下文对上述每一种反应堆的设计进行非常简短的描述。如果你想要更加详细地研究其他设计的话，这应该给予你足够的入门知识。下面列出的反应堆数量来自国际原子能机构的“电力反应堆信息系统”（2019 年中期数据），不包括现已永久关闭的反应堆。

22.2　压水堆

我不需要再次详细介绍压水堆了，作为本书的主题，我对它的介绍已经够多了。第一座压水堆被设计用作美国潜艇上的发电设备。核动力潜艇相比常规（柴油动力）潜艇具有众多优势，包括一次下潜能够在水下隐藏数天或数周，以及能够长途航行而无须加油。压水堆在潜艇上的应用使得核潜艇取代了高空轰炸机在美国核武器计划中的地位。小型压水堆随后作为能源提供设备，被用在了大量潜艇、航空母舰和破冰船之上。

在 20 世纪 50 年代后期，人们决定将这些反应堆中的一个移到岸上用于发电。这成了后来的希平港核能发电站，从 1957 年下半年开始，其发电功率可达 60 兆瓦。你可以拿它与功率为 1,200～1,700 兆瓦的典型的现代压水堆比一比。

在希平港核电站之后，美国建造了大量压水堆，后来也有其他国家建造压水堆，包括法国、中国、日本、俄罗斯和一些东欧国家。如今，大约有 300 座商用压水堆在运行，另有 40 座正在建设中。这不包括自 20 世纪 50 年代以来由压水堆提供能源的数百艘潜艇和船只。迄今为止，压水堆是当今世界上最常见的反应堆类型。

22.3 沸水反应堆

你可以把沸水反应堆（沸水堆）视为一种运行路径被缩减的压水堆。没有被分开的一回路和二回路，水直接在堆芯中沸腾产生蒸汽，蒸汽随后被直接用于驱动一台蒸汽涡轮机。彩色插图 3.2 展示了一台典型的沸水堆的布局。

你可以看到，沸水堆没有蒸汽发生器管；此外，蒸汽干燥设备位于堆芯的正上方。这意味着控制棒不能像在压水堆中那样从上方进入反应堆，而是不得不从下方插入。沸水堆不依靠重力来实现快速的关停，其控制棒通过快速作用的气动或液压系统被推入堆芯。沸水堆内的燃料与压水堆中的类似，都是锆合金包壳中的氧化铀。

沸水堆出人意料地容易被控制。空隙系数（沸腾带来的反应性降低，详情参见第 9 章）被用来直接控制反应堆功率。如果你想要提高功率，你可以让更多的水在反应堆压力容器内循环，抑制堆芯深处的沸腾。如果你想要降低功率，你可以减少循环水并允许其沸腾以降低反应性。为支持水循环，许多沸水堆都配备了外部循环泵以及给水储备设备。

由于沸水堆中没有蒸汽发生器，也没有独立运行的一回路和二回路循环水泵，因此沸水堆的建造成本往往比压水堆低。不过，你是否还记得，一回路存在的危险之一是水流经堆芯时会产生氮-16。在压水堆中，这些水在一回路中，因此不会离开反应堆建筑物。而在沸水堆中，这些水——作为蒸汽——必须离开反应堆建筑物才能驱动涡轮机。所以沸水堆的涡轮机必须严格屏蔽以防止 γ 辐射泄漏，涡轮机组的即时维护也受到了严格的限制。

目前全球有 70 座沸水堆正在运行（主要位于美国和日本），只有几座正在建设中。福岛第一核电站的 1～4 号堆就是沸水堆。理论而言，相比更现代化的核电站，它较为不安全。

22.4　加拿大重水铀反应堆

重水是一种有效的中子慢化剂，而其俘获中子的能力又比轻水要弱得多。一座重水反应堆使用天然铀（未浓缩的铀）燃料是可能的，经过好些年的试验，加拿大人在他们的第一座核发电反应堆（1962 年）上采用了这种设计。

加拿大重水铀反应堆是“压力管”反应堆，燃料棒束被水平放置在管中。这些管子位于重水池（称为“排管”）中，冷却剂水被泵送通过这些管子，然后进入与压水堆不无相似的蒸汽发生器内。实际上，加拿大重水铀反应堆的一回路和二回路的温度和压力都非常接近你的压水堆中的温度和压力，并且加拿大重水铀反应堆有时候也被称为“加压重水反应堆”（Pressurized Heavy Water Reactor，PHWR）。在最新的加拿大重水铀反应堆的设计中，一回路的冷却剂水仍然是重水。最新的设计涉及少量浓缩铀，或使用由天然铀和钚的混合物组成的燃料，这样使得轻水也可用作一回路的冷却剂，昂贵的重水则只作为慢化剂在排管中发挥作用。

有趣的是，压力管的设计允许其在运行时更换燃料，通过在反应堆的任一侧连接加料机，并沿水平通道推送燃料来实现。由于水在相邻的燃料通道中以相反的方向流动，以便使辐照燃料和新燃料分布均匀，因此彩色插图 3.3 中的水流路径显得很复杂。

在世界范围内，加拿大重水铀反应堆已被证明是非常成功的设计。目前，共有 31 座加拿大重水反应堆正在运行，其中 12 座位于加拿大境外。此外，印度有 13 座以加拿大重水铀反应堆的设计为基础的加压重水反应堆。英国建造了一个类似的实验堆——蒸汽发生重水反应堆（Steam Generating Heavy Water Reactor，SGHWR），但该反应堆在 1990 年停止了运行。

22.5 镁诺克斯反应堆

英国的第一批用于发电的反应堆使用天然铀燃料，以石墨为慢化剂，以加压的二氧化碳气体为冷却剂。铀作为金属被使用，被装在镁罐中。镁本身仅俘获很少的中子，且被加入添加剂以减少其发生化学反应的可能性。由于这个原因，镁包壳也被称为镁无氧化（Non-Oxidising）覆层，因此被称为镁诺克斯（MAGNOX）。

英国总共建造了 26 座镁诺克斯反应堆，其中包括位于科尔德霍尔（Calder Hau）的英国的第一座核电站（1956 年）。最初的镁诺克斯核电站［科尔德霍尔和查佩克罗斯（Chapelcross）］仅生产少量电力，因为其主要目的是为英国的核武器计划生产钚。英国其他的镁诺克斯反应堆则被认为是"民用"反应堆，不用于生产核武器级的钚。

彩色插图 3.4 展示的是一座典型的（钢制压力容器）镁诺克斯反应堆的示意图。最新的四座镁诺克斯反应堆［位于威尔法（Wylfa）和奥尔德伯里（Oldbury）］配有混凝土压力容器，与改进气冷反应堆（见下文）没有什么不同。

威尔法的反应堆是英国最后一座镁诺克斯反应堆，于 2015 年永久关闭。另外两座出口的镁诺克斯反应堆（分别出口到意大利和日本）早在多年前就已被关闭了。

镁诺克斯反应堆是一种低温反应堆，通常运行温度约为 360℃。这使其热效率与压水堆相似。不过，它们是相对较大型的反应堆，并且只能实现低燃料消耗率。许多镁诺克斯反应堆都可以在运行时进行燃料更换，这在某种程度上缓解了高燃料吞吐量的压力。

其他国家和地区也曾运行过少量与镁诺克斯反应堆类似的反应堆，包括法国和西班牙。在 2019 年，唯一被认为仍在运行的镁诺克斯反应堆是朝鲜的 5 兆瓦宁边反应堆。

22.6 改进气冷反应堆

基于在石墨调节气冷反应堆（镁诺克斯反应堆）上获得的经验，英国决定重新设计具有更高温度的反应堆。随着蒸汽涡轮机技术的发展，新型反应堆具有了类似于燃煤电站的高热效率和蒸汽条件。改进气冷反应堆被设计为在约600℃的温度下运行，并改用有点像是压水堆中的燃料芯块的氧化铀燃料芯块。同样，镁覆层被抛弃了，取而代之的是不锈钢覆层。这只有在英国获得了铀浓缩技术后才可能实现，因为对以天然铀为燃料的反应堆来说，不锈钢覆层会俘获太多的中子。

改进气冷反应堆的示意图如彩色插图3.5所示。在温茨凯尔核电站内建造了第一座实验性改进气冷反应堆之后，共有14座商用改进气冷反应堆被建造在7座核电站内。最早的商用改进气冷反应堆是1976年的欣克利角B核电站和亨特斯顿（Hunterston）B核电站。最后建成的是1988年的托尼斯（Torness）反应堆和希舍姆（Heysham）2号堆。截至2019年，改进气冷反应堆仍在使用，尽管其中一些仅剩数年的寿命了。与镁诺克斯反应堆一样，改进气冷反应堆被设计为可以在反应堆运行的情况下实时进行燃料更换。燃料更换设备和燃料棒结构存在的问题导致许多核电站放弃了即时燃料更换，其余的改进气冷反应堆则在降低功率后进行燃料更换。

不同于压水堆和沸水堆，镁诺克斯反应堆和改进气冷反应堆都具有内在的不稳定性。那是因为它们具有正的慢化剂温度系数。在这两种反应堆设计中，随着反应堆运行温度的变化，石墨几乎不会膨胀，因此与水不同的是，反应堆升温不会减少慢化作用。无论如何，大多数改进气冷反应堆被设计为具有比它们所需要的更多的慢化剂（“过度慢化”），以补偿在堆芯寿命期内由于化学作用而逐渐损失的石墨。那么是什么导致慢化剂温度系数为正呢？

你可能还记得铀-238 的“共振俘获峰”（如果不记得，请回顾第 9 章）。原来，在略高于典型的热中子能量的能量上，钚-239 也具有“共振俘获峰”。换言之，如果镁诺克斯反应堆或改进气冷反应堆中的石墨慢化剂再热一点（会带来更高能量的中子），再加上存在于辐照燃料中的钚-239，则钚-239 的裂变率（功率）将增加。功率越高，石墨温度上升得越高，因此将有更多的钚-239 发生裂变……这在反应堆物理学中是一种正反馈效应，或者说是内在的不稳定性。顺便说一句，在压水堆中你不会看到这种效应，因为它是慢化不足的，中子已经处于较高的能量状态，因此这种效应被水的密度变化掩盖了。

在温度和功率之间的反馈为正的情况下运行一座反应堆是怎么成为可能的呢？答案是质量和时间两个因素。镁诺克斯反应堆和改进气冷反应堆中有数百吨的石墨，但只有有限的石墨的表面暴露于热的二氧化碳中。升温需要时间（通常为数分钟），因此操作员或自动控制系统有大量时间通过移动控制棒来改变反应性。你可以这样理解：尽管这些反应堆是内在不稳定的，许多镁诺克斯发电站在其整个寿命期内都通过手动调整控制棒来运行。操作员会每隔几分钟就将控制棒插入或拔出一点，以响应反应堆的功率变化（上升或下降）。就是这么简单！

改进气冷反应堆被设计为具有降低慢化剂温度带来的影响的功能。在彩色插图 3.5 中可以看到一股重新进入的给水（蓝色的小箭头），加上较冷的二氧化碳被引入燃料和石墨主体之间，使石墨温度在功率变化时更加均匀。尽管如此，与压水堆不同，需要几乎连续地通过控制棒移动来主动控制改进气冷反应堆。

早期，改进气冷反应堆的表现不佳，可靠性低且存在一些操作问题，尤其是在燃料处理方面。因此，在 20 世纪 80 年代，英国决定改用更常见的压水堆技术。从那以后，改进气冷反应堆的性能有了显著提高。

22.7 大功率管式反应堆

切尔诺贝利核电站拥有四座 RBMK 反应堆，RBMK 是俄语“Reaktor Bolshoy Moshchnosti Kanalniy”的首字母缩写，意思是“大功率管式反应堆”。大功率管式反应堆有点像是镁诺克斯反应堆或改进气冷反应堆，是采用低铀浓度燃料（铀-235 含量低于 2%）的石墨慢化反应堆。不过，大功率管式反应堆的燃料位于被石墨环绕的压力管中。与镁诺克斯反应堆和改进气冷反应堆不同的是，大功率管式反应堆使用的冷却剂是轻水。冷却剂水在被分离并输送到蒸汽涡轮机之前，可以在管道内沸腾（像在沸水堆中那样）。这种反应堆有点像是什么都借鉴了一点……（参见彩色插图 3.6）

与其他反应堆设计相比，大功率管式反应堆显然具有许多优势。它使用轻水作为冷却剂，并只使用低浓缩的铀燃料。它的压力管相对容易制造，并且可以更换，因此不需要进行大型压力容器的锻造。石墨是一种廉价的慢化剂，并且事实证明，通过增加额外的通道，可以扩大大功率管式反应堆的规模。就最大的大功率管式反应堆而言，每座可以产生 4,800 兆瓦的热量，可转化成大约 1,500 兆瓦的电能。它们一度是世界上最强大的反应堆。

以一个比上述小得多的规模，1954 年，最原始的大功率管式反应堆——5 兆瓦的奥布宁斯克反应堆第一次提供了核电力。这比科尔德霍尔反应堆早两年建成，但是苏联对此保密。因此英国长时间认为自己是第一个建造石墨反应堆的！

不幸的是，水作为冷却剂和石墨作为慢化剂的组合有着内在的不稳定。参观过运行中的大功率管式反应堆的访客告诉我，其控制室内的操作员一直很忙，他们不断地调节控制棒和水泵，只是为了将反应堆保持在安全限制范围内。这种不稳定性最终导致了切尔诺贝利的灾难（如第 9 章所述）。

苏联一共建造了 17 座大功率管式反应堆，包括位于立陶宛的 2 座和位于乌克兰的 4 座。有 10 座直到 2019 年仍在运营，且全部位于俄罗斯。每座大功率管式反应堆都经历了许多安全改进，包括用铒对燃料加以毒化（以降低正的空隙系数），此外还有对控制棒系统设计的改进。

在苏联以外，我知道唯一与之类似的反应堆是美国最早的汉福德堆，一种以天然铀作为燃料，采用水冷和石墨慢化的反应堆，它们在低温下运行，因为其用途是生产钚而不是发电。

从这里开始，我将不再插入图片，因为有太多不同的设计类型可供选择了。

22.8 快中子反应堆

使用慢化剂并不是使一座反应堆运行的唯一方法。如果你使足够多的浓缩铀或钚的密度足够大，你就可以仅仅基于由快中子引起的裂变反应达到临界状态。这就是所有“快中子反应堆”的基础理论。请注意，在这种情况下，“快速”并不意味着不稳定。快中子反应堆依赖与热中子反应堆相同的方式来延迟中子，以达到临界状态。它们具有很大的负燃料温度系数，经过设计，燃料随着温度升高的膨胀将引起足够的几何变化，从而产生额外的负反应性反馈。

快中子反应堆通常使用浓度低于20%的燃料。它们的堆芯很小，但是有比压水堆高得多的功率密度。大多数快中子反应堆的运行都是基于液态金属冷却剂，有些使用铅，但更常见的是钠或钠钾混合物。液态金属具有很高的导热性，并且为了能在反应堆发挥作用，所有这三种冷却剂在反应堆内都具有足够低的熔点。它们都不会俘获太多的中子，尽管钠会俘获一些中子，在冷却剂中产生高度放射性的钠-24。液态金属冷却剂的真正好处是，它们不需要可经受高压的一回路，快中子反应堆可以在几乎等于正常大气压的条件下运行，其液态金属上通常覆盖有低压惰性气体。

一旦谈到蒸汽发生器，快中子反应堆的复杂性就增加了。液态金属冷却剂，如液态钠和液态钾（铅不会）会与水发生爆炸性反应。因此，用单壁蒸汽发生器管将水和液态金属冷却剂分开，存在很大的风险。所以更常见的是使用由惰性气体（例如氩气）填充间隙的双壁管道。但其工程更加复杂，热传导不佳，并且仍然存在泄漏问题。

此时，你可能会问自己：为什么要搞快中子反应堆呢？多年以来答案一直都是“为了燃料供应”。快中子反应堆的中子通量很高。如果你给快中子反应堆堆芯上覆盖一层铀-238，你会发现你可以制造（或“增殖”）出比堆芯正在使用的还要多的钚。从理论上讲，我们现有的铀库存如果被用在快中子反应堆上，则可以供应电力达数万年之久。这就是一些国家多年来一直在积极研发快中子反应堆的原因。

苏格兰的当雷曾有两座液态金属冷却快中子反应堆，现在都关闭了。法国曾有三座快中子反应堆，现在也已关闭。美国先后运行过八座快中子反应堆，包括在汉福德的 400 兆瓦（热输出）反应堆。在日本，文殊快中子反应堆在其关闭之前经历过很多波折。

不过，并不全都是负面状况——俄罗斯和印度目前都有正在进行的液态金属快中子反应堆项目，包括核潜艇上的反应堆（俄罗斯），和用于发电的反应堆（俄罗斯和印度）。中国也显然保留了发展快中子反应堆的选项，在霞浦建设了一座大型（600 兆瓦电力）钠冷快中子反应堆。

22.9　钍

在印度，追求快中子反应堆的动力与他们计划利用其储量丰富的钍作为反应堆燃料紧密相关。以与如前所述的利用铀-238 在快中子反应堆中“增殖”一样的方式，钍-232 用作覆盖材料，也可以被转变为可裂变的铀-233。也就是说，钍-232 可以俘获一个中子成为钍-233，然后衰变成为铀-233。

钍作为反应堆的替代燃料受到了很多正面的报道，但通常是出自不了解情况的人之手。你必须先将钍放入正在运行的反应堆中（或至少在其周围），然后钍才能发挥作用。之后，你需要重新处理燃料，以将钍与覆盖层中产生的高放射性裂变产物（某些铀 -233 将发生裂变）分离。为此，你将需要建造一座大型的燃料再加工厂。

人们对钍热衷的另一个原因是他们认为钍无法被用于制造武器。因为钍在裂变反应过程中不会产生任何钚，所以将其用于武器发展并不像运行使用铀为燃料的反应堆那样容易，而且铀-233 经常被铀-232 污染……但其实，这也是可以做到的。据信，美国、俄罗斯和印度都拥有至少部分是以钍为原料产生的铀-233 所制成的爆炸装置。

22.10 纸面上的反应堆

堆积在办公桌上和计算机里的反应堆设计，比曾经投入建造的反应堆设计多得多。其中一些设计未被建造的原因是其所需的高超工艺和材料尚未被开发出来，或可能单纯是因为资金问题——你只能建造你的公司或国家能够负担的东西。很多曾被设计出来的东西也就因此被遗忘了。

但这并不意味着这些反应堆设计没有狂热的爱好者！我对此的唯一建议是仔细研究你接收的这方面的所有信息。有时，这些爱好者并不是核科学家，他们会为自己的反应堆设计提出不实际的主张。目前，有两类替代反应堆爱好者在积极争取人们的注意，他们关注的分别是：小型模组化反应堆和熔盐式反应堆。

小型模组化反应堆（Small Modular Reactor，SMR）试图克服现代核电站设计中的最大挑战之一——成本。建造一座完整的（例如，1,600 兆瓦电力）核电站可能要花费 100 亿英镑之多，而在建设完工后、核电站并网前，你都无法得到任何收益。如果你可以建造更小的（模组化的）反应堆会怎么样呢？这样会既便宜又快吗？有可能。不过你可能会发现，所有与运行一座核电站相关的其他成本——许可证、维护和应急计划等等——仍然存在，这意味着，在每千瓦时的基础上，其与常规核电站的成本差异并没有那么大。一些国家尝试建造小型模组化反应堆，特别是中国和阿根廷。加拿大、英国和美国也可能跟进，但还没有定论。

熔盐反应堆的设计基于 20 世纪 50 年代和 60 年代的实验（大多是成功的）。它们有两种类型。不太激进的设计是使用固体燃料，并用熔盐作为冷却剂。“盐”在此处是指化学意义上的盐，即离子化合物，例如氟化锂、氟化铍等……熔盐反应堆的冷却剂通常被设计成盐的混合物，以降低熔融温度。从理论上讲，这种反应堆可以在比压水堆更高的温度下运行，因此可能更高效，但其化学处理会非常棘手。

另一种更激进的熔盐反应堆设计，是使用熔融态燃料围绕主冷却剂循环。在这样的设计中，通过几何形状和除了反应堆容器之外任何地方都没有慢化材料的条件，临界状态得以被避免（除非你需要）。

就熔盐反应堆而言，尤其是第二种，其爱好者会告诉你，他们的反应堆无法“熔毁”，因为它已经是熔融态了……这纯属废话。衰变热不会因为你使用的是液态燃料就消失。如果你无法消除衰变热，那么熔融态燃料将变得越来越热，直到它烧穿或融化所有隔离屏障！

更重要的是，一个熔盐反应堆还需要在一回路中来回泵送所有高放射性裂变产物。在一座压水堆中，单根燃料元件细棒（50,000 根中的一个）泄漏都会显著增加下一次换料停堆时操作员需要处理的辐射剂量（参见下一章）。如果所有裂变产物都溶解在冷却剂中，那会是什么样?!

爱好者们会说冷却剂可以经清理后除去裂变产物，但是其中涉及数十种元素，因此熔盐中可能存在数量巨大的各种化合物。据我所知，现在还没有任何可以做到这一点的清理技术，而且热的液态冷却剂将具有如此高的放射性，以致清理工作本身将会非常恐怖。从我的个人观点来讲，如果一座完整的熔盐反应堆被成功建造且投入实际运转和维护，我将感到震惊，但中国正尝试同时建造使用固体燃料和熔融燃料的熔盐反应堆——因此我可能会被证明是错误的！

22.11 获胜者是？

那么，在 2019 年，各个国家事实上正在建造的是什么核电站呢？嗯，大约有 50 座核电站正在建设中。除了少数例外，它们都是大型压水堆、沸水堆和加压重水反应堆。但是请记住，这只是一种大致趋势。几年后情况可能会大不相同。

22.12 不要只看我的观点……

好的，在这一点上，我承认我可能会有偏见。我最早接触的是镁诺克斯反应堆，避开了改进气冷反应堆，然后转到了大型压水堆，在其上花费了最近 25 年的时间。我能够理解为什么各个国家选择建造大型压水堆、沸水堆、加拿大重水铀反应堆（或类似的反应堆）。我对铅冷快堆和钍燃料循环的发展非常感兴趣。目前，我还没有看到建造小型模组化反应堆和熔盐反应堆的实际意义，但这只是我个人的观点。

核工业中的每个人都有自己的偏好。你可以寻找证据，研究不同的观点，挑战看起来不错的主张，考虑来自维护和核燃料更换等方面的实用性问题（例如辐射剂量）。然后，提出自己的主张。

第 23 章

如何建造你自己的反应堆

不要！

是的，真的不要，甚至想都别想。

如果要这么干，你将拿自己和邻居的健康冒险。

你确定吗？真的确定吗？

好吧，但是如果你真的想这样做的话，你该如何建造一个小型核反应堆呢？

23.1　首先是燃料

只有找到一些容易发生裂变的物质，你才能够建造一座可运行的反应堆。实际地讲，要么是铀，要么是钚。还有一些更罕见的可裂变物质，但它们通常只存在于实验室中，且数量往往太少而无法作为反应堆的燃料。你可能会考虑钍，但是正如你在前文中已看到的那样，除非你已经有一个正在运行的反应堆并把钍放进去，否则它毫无用处。

23.2 钚

你可能在哪里找到钚呢？

钚在地球上的存量惊人地多。这是因为数十年以来我们运行了许多铀燃料反应堆，而如你在前文中了解的，铀-238 会在反应堆中变为钚-239。

除了少量的钚用于研究之外，大多数钚以下列三种形式存在：

- 仍然存在于反应堆内或反应堆外的辐照燃料内部的钚，其周围有裂变产物，意味着它具有致命的放射性。
- 重新处理核燃料后被储存的钚。例如，塞拉菲尔德拥有历次重新处理后得到的约 140 吨钚。或者存在于各个国家（而非个人）运营的核燃料再处理厂中，我猜这些设施都受到严格的保护。
- 由军方以核武器或核潜艇、核舰船燃料的形式持有的钚。这里的关键词是"军事"；再次强调，它们受到严格的保护。

老实说，要拥有足够的钚（几吨）来建造一座反应堆，并不是你作为一个个体可能做到的事情。

23.3　浓缩铀

在理想情况下，你会寻找浓缩铀的来源，以浓缩铀作为燃料，这可以使反应堆的体积更小，因为你需要的燃料更少。铀的浓缩度越高，其在尺寸上的优势就越显著。但是高浓缩铀，也就是含量为 80% ~ 90% 的铀-235 是高效的核武器级材料，因此它如同钚一样被严格保护，所以你不可能得到。中等浓度的铀也非常罕见，仅在专业反应堆中使用，因此也只能排除在外。

另一方面，低浓度铀，也就是至多含有 5% 的铀-235 很常见，因为许多反应堆，包括压水堆、沸水堆和改进气冷堆都使用低浓度铀作为燃料。这也意味着低浓度铀燃料的制造商在世界范围内相对普遍。尽管如此，你能随便买到低浓度铀吗？

可能也买不到。

23.4 《不扩散核武器条约》

是时候多讲一点历史了。如你所知，第一座核反应堆是为生产核武器级的钚而设计的。在一开始，这些建造反应堆、武器以及铀浓缩设施的技术由美国所控制。由于间谍活动和苏联科学家的开拓性工作，苏联在 1949 年引爆了其第一枚核武器，之后这一情况显然已改变了。在接下来的几十年中，人们越来越担心全面的核战争可能在美国和苏联之间爆发。几乎同时，英国于 1952 年引爆了其第一枚核武器，法国于 1960 年，中国则于 1964 年。

跳过许多政治因素和谈判妥协不谈，总之，在 1968 年，一份国际性的《不扩散核武器条约》开放供相关国家签署。该条约旨在达到三个目标：

1. 不扩散：拥有核武器的国家保证不向未拥有核武器的国家分享核武器技术。未拥有核武器的国家保证不试图开发或获取核武器，并承诺接受国际原子能机构的“保障措施”检查，以核实它们是否遵守该条约。拥有核武器的签署国也自愿接受国际原子能机构的检查，或制定获得国际原子能机构认可的保障措施制度。

2. 核裁军：拥有核武器的国家进行谈判以减少或消除其核武库。（我承认，尽管已做了一些削减，但看起来并不是很成功。）

3. 和平利用核技术：在履行《不扩散核武器条约》规定义务的前提下，所有国家都有权发展核能计划，并有权与该条约的其他签署国进行合作。

有四个国家从未签署过《不扩散核武器条约》：印度、以色列、巴基斯坦和南苏丹。朝鲜签署过，然后又退出了。不过，大多数国家已经签署并严格遵守了《不扩散核武器条约》的要求。任何国家被发现违反条约，都可能在核技术和燃料供应方面受到冷落。

在实践中这意味着，大多数生产低浓缩铀的国家、公司和国营机构只能将其合法售予遵守《不扩散核武器条约》而设有检查措施的公司或组织。

当然，如果你是一家开发或建造核反应堆的大公司，那么你已经花费了数以百万计英镑来满足你所在国家的核监管机构的安全设计要求，贯彻一套可接受的安全保障检查制度对你而言可能非常简单。但是，对于一个想要建造自己的核反应堆的个人来说，你不可能做到这一点。任何铀浓缩公司都不会拿自己的检查情况冒险而将浓缩铀出售给《不扩散核武器条约》之外的人。

23.5　天然铀

最后的选择是：找到某个天然铀存在的地方，并将天然铀挖掘出来。

铀在自然界惊人地丰富——地壳中的铀含量约为银的 40 倍。但是在通常情况下，铀的浓度非常低，仅仅百万分之几，这使得萃取无法实现。当然，与许多其他矿物一样，在某些地方铀的浓度更高，而且可以开采诸如沥青闪石之类的矿物，其中含有百分之几的氧化铀。

不难理解，拥有大量铀储量的国家也是开采并出口铀的国家。世界上最大的几个铀出口国是哈萨克斯坦、加拿大和澳大利亚，全世界每年有超过 50,000 吨的铀被这三个国家以及其他十几个国家开采出来。

同样，这些国家和矿业公司（理论上）仅将铀卖给《不扩散核武器条约》的签署国。然而，假设你是一个幸运的土地所有者，并且你的土地内就有铀矿，你还有能力将矿石熔炼为相当纯度的金属，那么你需要多少铀矿来提炼呢？回想一下第 4 章中对芝加哥 1 号堆的描述……该反应堆使用了约 50 吨铀金属。如果你有一个铀含量为 1% 的富矿，这就意味着你要挖出并加工 5,000 吨岩石。你家的独轮车有多大呢？

进一步讲，假设你设法积累了这么多的天然铀，那么你要用什么物质作为慢化剂呢？你无法将普通的轻水用作天然铀燃料的慢化剂，因为轻水会俘获过多的中子——用轻水慢化的反应堆只能使用浓缩铀或钚作为燃料。从理论上讲，你可以使用重水作为天然铀燃料的替代慢化剂，但重水价格非常昂贵——大约是顶级单一麦芽威士忌价格的 10 倍，而且你需要的是好几吨。

哦，对了，重水与铀和钚一样受到《不扩散核武器条约》检查制度的约束，因此你将很难找到一名供应商。

我想这意味着你只能使用石墨作为慢化剂。以天然铀为燃料，用石墨慢化的反应堆的关键问题是它们的体量必须很大。如果你建造的是一个小型的反应堆，从反应堆侧面泄漏的中子将过多，从而永远不会达到临界状态。举例而言，芝加哥 1 号堆由 360 吨石墨块制成。你从哪里能搞到如此高纯度的石墨呢？

23.6 那是不可能的

此时你可能已经明白，作为一个个体，你是没有建造你自己的反应堆的现实途经的。即使你拥有大量金钱和人力，你也会撞上燃料、慢化剂或其他技术的供应限制。你根本无法购买到你想要的东西。

值得指出的是，在大多数国家，修建你自己的反应堆在任何情况下都是非法的。例如，在英国，法律要求任何固定核设施（显然不包括核潜艇！）都要有“核站点许可证”，而核站点许可证（依法）是不能向个人颁发的——仅向已经被证明为符合“站点许可证条件”（参见第 17 章）的公司颁发，但你不在那个行列中。

23.7 有没有人尝试过？

令人惊讶的是，有人尝试过。

美国童子军教练戴维·哈恩设法说服了一家烟雾探测器公司，向他出售 100 个探测器用于学校的项目。他以折扣价购买了这些传感器并拆开它们，以提取每一个之中的放射源。大多数烟雾探测器都包含极少量（少于 1 微克）的镅-241。这是一种半衰期较长的放射性物质，通过发射 α 粒子和 γ 射线而衰变。在烟雾探测器内部，α 粒子在到达接收器之前会在空气中传播一小段距离。如果空气中含有烟雾，则被接收器接收到的 α 粒子会变少，这一信号的下降将导致烟雾探测器响起。在烟雾探测器中，镅只是充当 α 粒子的来源。

通过从古董店里购买的老式发光表盘和钟盘上刮掉镭，戴维·哈恩增加了产生 α 粒子的材料的库存。只靠 α 粒子不足以驱动一个核反应堆，但是如果你在设计中加入一些铍（一个朋友从当地社区学院的化学实验室偷了一些铍给他），就可以产生中子——铍-9 会俘获入射的 α 粒子（由镅和镭发出）变成碳-12，并在此过程中释放中子。顺便说一句，铍是有剧毒的！

最后一步是将他的中子源包裹在由铀制成的覆层中（他假冒大学教授从捷克斯洛伐克订购了少量的铀）。他还从数百个野营灯的煤气灯罩中提取了钍。他的目标是利用中子将这些钍-232 转化为裂变的同位素铀-233，然后……嗯，谁知道呢？如果这是一个实验室的科学实验，那么它听起来会很有趣。但他这是在现实世界中的一个花园棚子里，建造了一个可怕的放射性装置，用放射性物质污染了他的房子和周围区域。清理这些放射性物质花费了他数万美元。

他的行为还被世界上其他一些人所仿效，但都没有好结果。

因此，请勿尝试。

是的，真的不要，甚至想都别想。（在我国，除了严格遵守核领域的国际公约，相关的法律法规、规章条款等也十分完善。因此，任何个人都不要尝试自建反应堆！——编者注）

第 24 章

还有更多……

24.1 一本小书

核能是一个大课题，试图将所有相关内容都写在一本书中是很愚蠢的。所以我集中在压水堆核电站的安全操作上。仅此主题就占据了前面章节的大部分内容。

然而，在结束之前，我认为应该在核能的其他方面多写几页。如果你有兴趣对某一方面进行更加深入的研究，那么你会获得一些线索。

24.2 不仅仅是操作

实话实说，尽管需要轮班工作以保证反应堆的 24 小时运转，控制室内的操作员占核电站员工总数还不到 10%。他们由差不多相同数量的设备操作员——负责实际走近设备并操作阀门、测试水泵等等——辅助。设备操作员与控制室操作员的培训内容不同，但是他们也是操作核电站的重要力量。并非所有事情都可以在控制室完成。

你的核电站内还有能够向控制室内（和其他地方）的操作员提供建议的技术人员。这些人员包括辐射防护专家，他们为涉及潜在辐射的工作进行指导并设定限制。同样，工业安全和消防安全专家将根据在大型核电站内进行工程施工的可能风险提供建议。

我在本书中多次提到化学。因此你想必不会感到惊讶，有许多化学家在核电站采样、配制试剂并提出建议，以延长核电站的使用寿命。在技术建议方面，你的核电站还将聘用许多核安全和安全档案专家。如你所见，现代化核电站的安全档案的内容将非常丰富。你将需要该领域的专家来确保核电站始终在安全档案的假设、限制和条件下运行，并保证公众和员工面临的风险是最低的。这些核安全专家还会为你的控制室人员编写“规程手册”。

不仅如此，你的核电站中有超过 200,000 种设备元件。想想需要多少名工程师和维护人员才能使所有设备保持良好状态：测试、润滑、维护，并在元件使用寿命到期时更换。工程师的专业也不同——你将需要机械工程师、土木工程师、仪器工程师、电气工程师等，除了现场工程师外，也许还需要有来自工程总部的其他专家，来为核电站提供更广泛的服务。

并不是每个人都是科学家、操作员或工程师。在前面的章节中，你已经看到换料停堆可能包括一万多项单独的任务。所有这些都需要在换料停堆开始前很长时间就进行计划并排入流程。

换料停堆需要大量（可能是1,000个）承包商参与，并消耗大量的零件。你将需要供应链专家来处理所有这些流程问题。在较小但更无休无止的范围内，维护员和操作员加在一起，可能需要在反应堆运行时每周完成大约500项工作任务。同样，所有这一切都需要进行计划，以确保任何事项都不会被遗忘。所以，核电站内有很多计划人员！

最后，还有任何大型组织都需要做的那些工作：人力资源、财务、餐饮、清洁、保安等。但是我认为，核电站的工作不同于其他地方。核人力资源经理很可能穿着一套工服造访该核电站。外行人的目光，可以在每日在场的操作员们可能没有注意到的问题上发挥惊人的作用，并且每个人都被鼓励去发现问题。同样，清洁工远比一名工程师更容易看到（并报告）一处管道漏水，因为他们在清洁地板时就会注意到漏水。在核电站内，不管其职位是什么，每个人都有责任照看核电站并保持其安全状态。

为什么要介绍所有这些工作呢？其目的是向你展示核工业领域有非常多的工作岗位，即便你不是一名物理学家或工程师也可以参与其中。

24.3 乏燃料……

本书对辐照燃料的介绍止于该燃料到达你的燃料储存池时。接下来你可能会问："然后呢？"答案取决于你所在国家的政策以及你正运行的是什么类型的反应堆。在英国，当前的政府政策是将压水堆的辐照燃料存储在地表，直到数十年后地下深层存储库投入使用。乏燃料届时将被装入包装罐中，并无限期地存储在地下。在塞兹韦尔 B 核电站，经过数年衰变后，乏燃料目前被移出了燃料储存池，被装入干燥的辐射屏蔽桶中进行中期存储，等待进入地下储存库。

与之不同的是，直到最近，来自英国改进气冷堆和镁诺克斯反应堆的燃料都在塞拉菲尔德进行后处理。后处理是将燃料切碎并溶解于酸中的行话。这样就可以分离出未使用的铀、钚和其他放射性裂变产物。然后，它们可以被加工成不可流动的玻璃（玻璃固化处理）。后处理是缩小放射性废物体积的好方法，其不利之处包括成本过高和过程中会产生废水，以及被分离出来的钚可以在之后被用作核武器的原料。

最后一个缺点（钚和核武器扩散）使后处理在国际上引起很大争议，并让不同国家在政策上出现了尖锐的分歧。法国将其所有 58 座压水堆的乏燃料送至阿格进行后处理。相比之下，美国没有对其近 100 座商用压水堆和沸水堆的乏燃料进行后处理。经过数十年的后处理，英国已决定停止对改进气冷堆燃料进行后处理，转而改为中期储存然后深埋储存。镁诺克斯反应堆的燃料必须进行后处理，因为它一旦被辐照就不能无限期地储存（它会在储存池中缓慢溶解）。现在，英国所有的镁诺克斯反应堆都已关闭，因此针对其乏燃料的后处理会在有限的时间内完成。其他国家也做出了自己的选择。

24.4　还有放射性污染物

先不说燃料，运行中的压水堆还有其他危害较小的废物需要处理。一些固体废物，例如过滤器，具有半衰期短、低水平的辐射污染，我们可以将其埋入地下浅处（例如在坎布里亚郡的德瑞格的做法）。半衰期较长或更活跃的废物必须先存储在地上（要么是塞拉菲尔德这样的场所，要么是核电站自己的区域），直到地下深埋储存设施建成。

放射性液体和气体的情况更为复杂。它们可以在很大程度上被清洁，但是要去除某些放射性化学物质，例如氚（放射性氢-3），则不太可能。因此，在必要时只能将少量放射性物质释放到外部环境中，这需要受到严格监管并精确计量。自然界已经带有放射性了——这是自然过程和人为制造的共同结果。受控排放的理念，是基于污染物在空气和冷却水（海水）中——通常作为液体排放——会迅速消散。即使是如此低的排放水平，仍然有批评者反对。但有压倒性的证据表明，受严格监管的精确排放对环境和公众健康并没有显著的危害。

24.5 结束的一天

所有核电站都有报废的一天。综合全世界的经验可知，对于核电站而言，其使用寿命通常比设计师规划的还要长几十年。我认为这清楚地反映了业界在维护、检查和更换能力上的持续发展。如果你的核电站有一个用坏的组件，更换该组件（即使要花费数百万英镑）然后继续发电，其财务回报通常要比永久关闭核电站好得多。

即便如此，核电站最终还是会变得不值得维修，不得不关停并进入我们称为“退役”的生命阶段。这又是个行话，意思是“清洁并拆掉它”。在英国，我们发现，镁诺克斯反应堆（以及一小部分改进气冷堆）在设计时没有考虑到退役的情况。它们很大，而且其建造材料一旦受到辐射，将需要很长时间才能衰变到安全水平。人们常说，镁诺克斯反应堆要花费 100 年和数十亿英镑才能退役。

相比之下，压水堆的退役过程进行得快得多——其所在地在大约 10 ~ 15 年的时间内便可重现盎然生机。这一过程的花费也很便宜，并且通过将一小部分发电收入留出来放入保护基金，即可轻松筹集到这笔资金。在英国，该基金被称为核责任基金（Nuclear Liabilities Fund，NLF），由政府管理。与镁诺克斯反应堆和改进气冷堆的设计相比，压水堆的放射性部分（相对而言）非常小。此外，压水堆的设计和建造方法决定了其本身很容易拆卸，因此其退役得更加容易也就不足为奇了。请记住，一座现代化的压水堆可运行 80 年（或更长时间），每天运行时会产生超过价值 1,000,000 英镑的电力。退役成本将仅占电力收入很小的比例。

24.6　离网吗？

在英国，以前的电力生产主要由大型燃煤发电站提供，而现在这些发电站大多已关闭或仅在用电高峰期运行。取而代之的是大量的小型燃气发电站，混之以核电站，还有可再生能源站，诸如风能站和太阳能站。现在，在电网的低用电需求时段，核电站已成为电网上最大的单体发电机组。换句话说，你的反应堆的一次计划外关停或事故停堆可能会对已经失去其大多数大型发电机组的电网产生重大影响。

英国并不是唯一一个正在经历这一发电方式变革——离开煤炭，朝向低碳（半不可预测）的可再生能源过渡——的国家。欧洲的大多数国家电网都属于一个互联的电网系统的一部分，因此缓解了单次反应堆事故停堆带来的冲击。英国目前正在建立更多的电网互联设施，但更大的电站可能在几年后才投入使用，因此我预计对电网的这种威胁还会持续几年。当下是运行电网的困难时期，而这是淘汰煤炭的意外后果之一。

24.7 书籍、事故和武器

我读的第一本关于核能的综合性书籍是沃尔特·C·帕特森（Walter C. Patterson）的《核能》（*Nuclear Power*）。尽管我后来发现帕特森是一名反核运动人士，但我仍然觉得这本书相当接近客观公正，反映了北美人的一种意见。此书现在已经绝版了，但仍可以在线阅读或购买二手书。我在这里仍然推荐此书。

如果你对第一座核反应堆的发展史感兴趣，那么你会发现，你阅读的其实是第一枚核武器的发展史，因为两者之间有着不可分割的联系。关于这方面的详细描写可以在理查德·罗兹（Richard Rhodes）的《原子弹的制造》（*The Making of Atomic Bomb*）一书中找到。这是一本大部头著作，但绝对值得阅读。

也有一些很棒的关于核事故的书籍，我推荐记录了海啸发生后所有事件的第一手资料的《濒临边缘：福岛第一核电站的内幕故事》（*On the Brink: The Inside Story of Fukushima Daiichi*，门田隆将著）一书。如果你在核电站工作，这本书会像是在向你提问："在相同的情况下，我将如何反应呢？"相比之下，有一本尽管在物理学上偶有（轻微）错误，但还是值得一读的书——塞里·普洛赫（Shehii Plokhy）的《切尔诺贝利：悲剧的历史》（*Chernobul*: *History of Tragedy*），这本书揭示了一场事故的后续发展可以在多大程度上受到当时的政治体制的影响。

你可能想知道，为什么我会推荐有关核事故的书籍。如果你是铁路信号员，你也应该尽量了解铁路事故案例——如果你不了解可能会出现什么问题，你将如何发现警示征兆并防止类似事故发生呢？处理事故的最佳方式就是避免发生事故，只有在充分了解已经发生过的事故的细节之后，你才能避免其再次发生。在核能的世界中，你有时会听到人们这样形容此类操作经验："要么借鉴它，要么成为别人借鉴的经验。"

24.8　政治与运动

正如我在开篇所说的那样，我不会试图讲述或捍卫与核能相关的政治活动。世界上已有数百个核反应堆在运行中。其中一些已经运行了数十年，并且已经走到使用寿命的末期（或已经关闭了）。目前还有数十座反应堆正在建造。无论你对核能的看法是什么——是应该避免的危险，还是低碳能源的有效来源——核能都已经大规模地存在了。

其他许多作者发表了激烈支持或反对核能的著作。有些从标题就可明显看出其立场，有些则只能通过书评得知。只有在偶尔的情况下，我才会读到相当公正的著作。我并非没有偏见，因为我是一名坚定的核能拥护者——你可能已经猜到了——因此如果我也提出观点并加入到这团乱麻中来，那将没有任何意义。

第 25 章

结论

让我提醒你一下，自第一章起我所勾勒的三个关键概念。

- 反应性，即反应堆内部状态是如何影响链式裂变反应的。我承认，在搞明白反应性的含义之前，需要懂得一些物理知识，但是对于一名反应堆操作员来说，这是一个至关重要的概念。在本书中，你已经了解了可能影响反应堆反应性的各种因素，以及反应堆响应反应性变化的表现。如果你不知道你将要做的事会对反应性产生什么影响，那么就不要做！
- 反应堆稳定性，即保持其稳定的反馈机制。这涉及更多的物理知识——例如，燃料温度系数和慢化剂温度系数。我们拥有一个稳定的反应堆。当然，稳定性是一把双刃剑。它使核电站保持稳定，这在你希望其稳定时是好事。但正如你已经看到的，如果你想要让反应堆功率或温度发生变化，就不得不与稳定性作斗争。

· 核电站稳定性，当你将反应堆与核电站的其余部分（以及外部世界）连接后会发生什么，这才是真正的关键。大多数反应堆物理学教科书都停留在反应堆上，但是正如你在本书中所看到的那样，真实的压水堆的表现是由其连接的对象所决定的。如果你调整涡轮机组的阀门，你的反应堆将随之变化；如果你打破一条蒸汽管道，你的反应堆的功率将升高以满足更高的蒸汽需求；如果你将涡轮机关停，除非你有某个地方可用于排放蒸汽，否则反应堆的功率将像从高处扔下的砖头一样直线下降。凡此种种。

如果你愿意，也可以说在几乎每个章节的背后都存在着第四个概念："安全"。这是本书更为详细的章节之一（第 17 章）的核心主题。核电站以一种可预测、可控制的方式提供了大量的低碳电力，而在导致堆芯损坏的事故或者潜在的放射性裂变产物泄漏等方面，核电站也有特殊的风险。

在核电站工作的任何人都必须从"保证核安全永远是我们的首要任务"这一理念出发。他们需要改善任何可能使核电站脱离安全状态或超出其预期运行范围的表现或条件。核电站有可能——而且这确实很普遍——以极低的风险运行。这是不得不接受的现实，但也不是靠运气就能实现的。

如你所见，在大多数情况下，反应堆操作员在压水堆中的工作并不是驱动反应堆本身，尽管有时你不得不这么做，例如，让反应堆达到临界状态时。相反，操作员的工作通常是控制整个核电站，以确保反应堆不越过假定的安全运行范围。操作员还需要做好应对任何突发事件的准备，无论它是来自核电站的内部还是外部。这就是为什么我在本书插入的最后一张图例不是光彩照人的反应堆美照：下图（图 25.1）是一回路和二回路组合在一起的示意图。要成为一名成功的压水堆操作员，你需要将它印在脑海里。

最后再说几句。

如果你已经读完这本书，那么你会发现压水堆本质上是一台简单的机器。但是，在压水堆的物理知识、表现和控制方面，你也将遇到某些非常复杂的概念。如果你在第一次阅读时就理解了这些概念，那非常棒！如果做不到，也不要担心。就我个人而言，我花费了数年的时间才掌握了氙的表现和蒸汽发生器的分层。我直到现在仍然不太理解无功功率的单位……

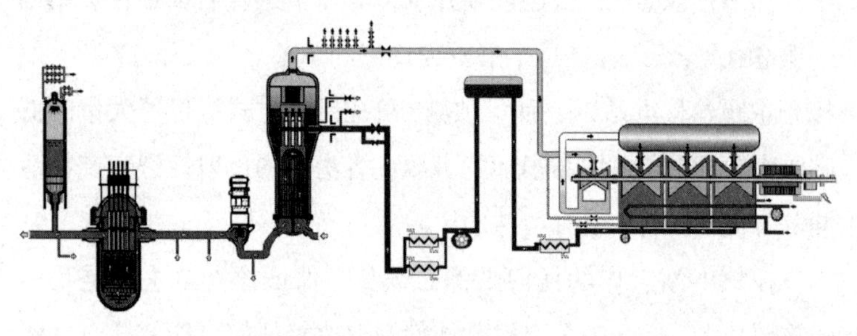

图 25.1　一回路和二回路示意图

我希望你从本书中学到的，是对“驱动一座核反应堆”的真正含义的理解。压水堆是稳定的，但它们需要训练有素、负责任的操作员来维护，并由许多学科的专家提供技术支持。

这样才能确保反应堆的安全。

图片归属和来源

本书中对反应堆燃料、设备元件、控制室面板和控制装置的照片的使用和复制，均已得到法国电力公司的慷慨允许，包括从安全角度的批准。

同样，一回路、反应堆压力容器、稳压器、蒸汽发生器和汽水分离再热器的剖面图也取自法国电力公司的培训材料。一回路和二回路（包括涡轮机）的各种图例均为改编——尽管改动很大——自法国电力公司的培训材料。

芝加哥 1 号堆的素描，以及其首次临界状态中获取的通量轨迹图，乃根据阿贡国家实验室的“免费使用”许可在本书中使用。我个人的芝加哥 1 号堆“纪念品”的照片是我的妻子勒奈特拍摄的。

本书中唯一引用的文本是物理学家赫伯特 · 安德森对芝加哥 1 号堆第一次达到临界状态的描述。这出现在很多资料中，包括本书第 24 章中提到的理查德 · 罗兹的著作《原子弹的制造》。

英国核设施许可证的获取条件可在英国核监管局的网站上找到。同样，《不扩散核武器条约》（我在书中总结了其要点）的全文可从国际原子能机构获得。

沸点（饱和）曲线和裂变产物分布图取自互联网上的通用数据。英国电力需求数据可从“电网监测”（Gridwatch）网站和其他网站上下载。我在本书中试图展示的是电力需求的“代表性”数据。

本书中的一些瞬态图，例如，氙的表现以及不同尺寸的原子核的呈现（如书中所示）均来自我自己为写作此书而特地创作的软件。其他图形、图表，包括其他反应堆的设计草图，是使用简单的软件绘制的。

本书中的所有其他文本、图片、流程图、图表和插图都是我自己制作的。它们来自我的经验和与业内同行的讨论，当涉及更遥远的过去的事件时，还进行了一些信息检索和在线事实核查。